海洋预报人机交互
信息系统研究与构建

仇天宇　王斌　王豹　季民　等 著

海洋出版社

2023年·北京

图书在版编目（CIP）数据

海洋预报人机交互信息系统研究与构建 / 仇天宇等
著. -- 北京 : 海洋出版社, 2022.12
ISBN 978-7-5210-1068-8

Ⅰ. ①海… Ⅱ. ①仇… Ⅲ. ①海洋监测－监测预报－
地理信息系统 Ⅳ. ①P71

中国国家版本馆CIP数据核字(2023)第015887号

审图号：GS京（2023）1441号

责任编辑：沈婷婷
责任印制：安　森

海洋出版社 出版发行
http://www.oceanpress.com.cn
北京市海淀区大慧寺路 8 号　　邮编：100081
鸿博昊天科技有限公司印刷
2022年12月第1版　　2023年7月第1次印刷
开本：787mm×1092mm　　1／16　　印张：15.5
字数：350千字　　定价：288.00元
发行部：010-62100090　　总编室：010-62100034
海洋版图书印、装错误可随时退换

序

　　海洋地理信息系统是地理信息科学的一个重要分支，具有空间三维和过程动态的特征。自20世纪末，以国家高技术计划项目为支撑，我国系统地开展了海洋地理信息系统方向的探索性研究，致力于将地理信息系统的数据模型、空间分析及数据可视化等技术拓展到海洋学科的研究与应用领域。多年来，我国在海洋时空数据模型、海洋渔业信息系统、海岸带海洋空间信息系统及时空数据挖掘、海洋多维时空数据建模和可视化等方向均取得了一些阶段性成果，已成功应用于海洋渔业、海岸带开发管理、海洋环境监测评价及海洋资源开发等领域，既丰富了地理信息科学的研究范畴，又促进了海洋科学的发展。

　　该书的主要作者仉天宇曾与我一起开展海洋地理信息系统的研究工作，是研究团队中的主要骨干。在其攻读博士期间，通过对海洋科学的深入分析，在海洋地理信息的数据结构、海洋网格时空数据模型等方面开展了创新性研究，将多源、异构、多时相的海洋信息与GIS的数据结构和模型相结合，为基于过程、基于现象的海洋GIS研究及在海洋渔业、海岸带等方向的应用打下了坚实的基础。仉天宇组建了独立的研发团队，经常与我保持联系，就一些科研问题进行探讨和联合技术攻关。

　　作者团队具有多年的海洋科学背景和工作经历，近年来一直从事海洋预报及业务化系统建设方向的研发工作，对海洋地理信息系统有深入的理解和认识。他们深耕于海洋观测、预报和防灾减灾方向，严谨求实，勇于创新，为海洋地理信息科学的理论和应用研究做出了许多初创性的工作。从我国海洋预报业务的切实需求出发，创新性地开展了海洋预报地理信息化中的一些基础性和综合性研发工作；开展了海洋预报时空数据结构研究，扩展了海洋地理信息数据模型，研制了具有自主知识产权的海洋预报组件库，包括数据访问、预报专业符号库、人机交互制图和海洋预报实用算法库等；开展了海浪、海流、海面风等动力要素的可视化表达关键技术研究；构建了自动化海洋预报资料收集及处理系统和海洋观测实时数据库，开发了海洋预报人机交互平台，并与海洋实时观测数据监控平台、海洋多要素数值预报产品二三维可视化平台整合，形成了功能更为齐全的海洋预报综合信息系统。以上工作，在经历了几番技术攻关与系统集成后，又广泛、深入地应用到我国海洋预报业务中，切实地为广大一线海洋预报工作人员和管理人员服务。更难能可贵的是，工作中形成的成果不仅在国家海洋预报台得到了多年业务化应用和检验，更成功地推广到各级海洋预报机构，为我国海洋预报事业做出了巨大贡献。

目前，该团队的研发工作已基本结束，现将相关研究和开发成果整理成书。该书内容既有理论探索，又有技术方面的突破，更有实际应用的详细设计，把他们这些年来的一些学习和研究成果梳理并呈现出来，书中涉及的成果和应用在海洋预报信息化领域具有里程碑式的意义。

希望该书能对海洋 GIS 方向的研究和实践起到启发和示范作用，更希望通过科研人员的努力工作，把 GIS 在海洋科学方向的应用推广到更多专业领域和方向。

中国科学院院士

2022 年 10 月于北京

前　言

　　海洋预报是支撑海洋环境安全保障、海洋防灾减灾的基础性公益性服务工作，在海洋生态文明建设中发挥着重要作用。增强海洋预报能力对实现海洋生态文明建设的根本目标"人与海洋和谐相处、协调发展"有重要的意义。随着海洋强国和海上丝绸之路的建设，海洋日益成为未来发展的重要空间，而海洋预报提供的预报减灾产品则是保障各项海上海洋活动的基本防线。

　　长期以来，海洋综合预报产品的制作依靠人工。在海洋观测能力、数值预报技术水平和基础计算条件得到较大改善和提高的情况下，海洋预报综合信息技术研究及其软件系统研发和业务化应用的缺失，已经成为制约海洋预报事业发展的主要瓶颈之一。中国气象局早在 20 世纪 90 年代初，开始了气象信息综合分析处理系统（MICAPS 系统）的自主研发，该系统是与数据库配套的，支持数据分析处理、天气预报制作的人机交互系统，目前已经发展到 V5.x 版本。通过全国各级气象预报部门的推广和广泛应用，该系统提供的综合信息服务已经发展为气象预报领域的行业标准，成为气象领域一个重要、响亮的"品牌"。与气象预报的信息技术研究历史和发展现状相比较，海洋预报综合信息技术的研究比较落后。迄今为止，海洋预报在综合信息化方面仍然缺乏顶层设计和统筹规划。大多数信息技术研究和软件研发只是针对海洋预报工作中的某一项或几项关键技术进行，缺乏链条式和整体式的系统研究，缺乏有针对性、目的性的业务化应用。

　　作者团队长期从事海洋地理信息系统的研究工作以及海洋预报工作。海洋地理信息系统本身就是地理信息系统从陆地到海洋的延伸或扩展，并具有许多海洋动态化的特点。对于海洋预报领域而言，将地理信息系统技术、数据库技术与海洋预报相结合的需求非常迫切。作者团队将海洋地理信息技术的科学研究与海洋预报的业务化应用需求相结合，开展了一项创新性的工作。

　　该书以海洋预报需求为牵引，从数据整理、预报分析及产品制作三个关键环节出发，开展了较为细致的需求分析和流程设计、优化，并对其中涉及的关键技术开展了技术攻关。通过研发海洋预报基础 GIS 平台和海洋环境信息可视化平台，建设了海洋预报产品系统，构建了海洋预报综合信息系统（MiFSIS），研制了统一的预报产品制作平台，并在各级海洋预报机构开展了广泛的业务化应用。

该项工作历时多年，期间首先上线应用了海浪、风暴潮、热带气旋、海洋气象等部分内容，后又有海流、海冰等内容陆续上线运行。业务化运行目前已达十年之久。先后在国家海洋环境预报中心、海区预报中心、省级预报中心、中心站（含海洋站）等海洋预报机构和广东海洋大学部署运行，多年来系统运行稳定，共发布海洋预警报几万余份。

　　本书每章主要撰写作者如下：第1章概述由仉天宇、燕丹晨、林晓娟完成；第2章需求分析由仉天宇、王斌完成；第3章系统设计由王斌、孙晓宇、杨幸星完成；第4章观测数据处理由王斌、王豹完成；第5章海洋环境场要素可视化表达由季民、孙晓宇完成；第6章海洋预报业务平台由王豹、仉天宇、王斌完成；第7章应用及培训由孟素婧、杨幸星完成；第8章结语由仉天宇完成；附件由王斌、王豹、杨幸星完成。全书总合稿、审核由仉天宇、王斌、杨幸星完成。

　　该系统已在海洋预报台应用多年，仍存在一些问题，主要受制于业务需求变化频繁，观测预报工作不够规范、协调，标准化工作滞后，信息技术发展较快等。但该书的理论和技术体系框架比较完备，技术路线合理，系统研发成熟，业务应用长久，适合广大地学方面的科技和业务工作者参考使用。特别适合海洋、气象、水利、湖泊等方面的科学分析、业务应用。希望能以此为契机，与广大读者互通，也随时欢迎广大读者交流指正。

著　者

2022 年 10 月

目　录

第1章 概　述

1.1　海洋地理信息系统发展现状

海洋地理信息系统（Geographic Information System for Marine Science，简称 MGIS 或海洋 GIS）的定义一般都是基于地理信息系统的定义得到的。地理信息系统常见的简明定义是：在计算机软硬件支持下，对地理空间数据进行采集、存储、显示、管理和分析的技术系统。因此，我们可以类似地，将海洋地理信息系统理解为对海洋时空数据进行采集、存储、显示、管理和分析的技术系统。

在 20 世纪 80 年代，陆地地理信息系统得到普遍发展和快速推广应用，而海洋 GIS 却刚刚起步。进入 20 世纪 90 年代，随着海洋数据和信息不断丰富，特别是海洋遥感数据资料的迅速积累，海洋 GIS 得到了快速发展。1990 年，Manley 与 Tallet 认识到 GIS 在管理、分析和可视化海洋数据方面的重要意义，合作发表了关于海洋 GIS 的第一篇文章，深入讨论了 GIS 的数据管理和显示功能，提出了物理海洋数据和化学海洋数据的真三维建模和可视化。Caswell 讨论了应用 GIS 技术进行海底沉船搜索的工作，代表了海洋 GIS 在实际应用中所取得的重大作用。此后，一系列海洋 GIS 应用成果公开于世，例如：加拿大 Keller 等使用的风暴潮 GIS 模型、纽约湾水质量监控系统、美国西海岸专属经济区数据的处理、墨西哥湾的石油调查、英国有关机构开发的渔业生产动态管理系统 FISHCAM 2000 等。这些海洋 GIS 系统具有较为完善的数据模型系统、空间分析的基本功能、一定专业知识的复杂模型和较好的制图功能，但它们都基本沿用陆地 GIS 现有的、比较成熟的数据模型，缺乏一定的灵活性。

20 世纪 90 年代中期以来，针对海洋特有的属性特征、数据结构以及用户需求，一系列专门针对海洋的 GIS 软件系统和数据模型应运而生，并呈现出更强的专业性和适应性。Hamre 强调了海洋用户需求定义对于开发强大的海洋 GIS 的重要性；Lucas 等强调了 GIS 海洋应用中元数据管理的重要性。Li 和 Arena 比较系统地阐述了 GIS 在陆地和海洋应用中的重要差别，并给出了夏威夷大岛附近海域的集成 GIS 系统。Mason 等利用 GIS 将遥感数据和实测数据结合起来解释中尺度海洋特征，并进行了气候变化预测。Wright 等在讨论东太平洋洋中脊的地质解释时，使用了 GIS 进行数据处理、分析和制图。1995 年《Marine Geodesy》期刊出版了海洋 GIS 研究的专辑。其中 Rongxing Li 和 Liming Qian 等提出了水深数据管理的概念数据模型，用基于超图的数据结构来存储和管理水深数据。Gold 和 Condal 提出了基于 Voronoi 方法的集成海洋 GIS 与空间模拟的数据结构。1996 年，联合国粮农组织（FAO）回顾了 GIS 在海洋渔业中的应用，指出了海洋渔业 GIS 需要突破的关键问题，如三维环境的操作、时空变化、模糊环境和统计制图等。

在我国，20世纪90年代初，陈述彭院士就积极倡导海岸与海洋GIS的研究与开发，并提出了"以海岸链为基线的全球数据库"的构想。自20世纪80年代中期以来，我国开展了在GIS和遥感支持下的黄河三角洲的可持续发展研究，内容涉及湿地保护、土地盐碱化、海岸带土地管理与遥感监测等。20世纪90年代中期，又开展了海岸带空间应用系统预研究。随后，"数字地球"战略和"数字海洋"的概念被提出，海洋国土概念也得到进一步重视和加强。这一期间，我国学者在海洋GIS领域也开始崭露头角。林珲和闾国年等将潮流模型与GIS结合起来研究中国海的潮波系统。裴相斌等将动力模型与GIS结合起来研究渤海湾的污染扩散。邵全琴等提出了海洋渔业数据建模的扩展E-R方法。邵全琴等出版了《海洋渔业地理信息系统研究与应用》专著。

进入21世纪，海洋地理信息系统的理论框架体系更加完善，内容更加丰富，对海洋数据的存储、管理、分析等系统功能也更加完备。在海洋GIS的理论框架体系中，时空数据模型是海洋GIS研究工作的基础，也是时空过程表达的核心。近年来，海洋时空数据模型已由最初的基于静态空间场的数据模型向以表达海洋过程信息为核心的时空过程数据模型转化。苏奋振等就阐述了过程地理信息系统的概念，并基于其自主搭建的MaXplorer海洋地理信息系统平台，论述了过程地理信息系统的基本空间框架、体系结构、过程仓库理论基础以及其不同于传统GIS的功能。Hofer等为了描述原型地理物理过程的一般行为，提出了基于数学模型的过程描述语言，采用偏差分方程和偏微分方程对GIS中地理物理过程的相关信息进行表达。与此同时，海洋时空数据模型的维度也由最初的三维模型扩展到考虑时间维的四维模型，再扩展到集成多维环境要素及表达多维要素之间相互关系的"三维空间 + 时间维 + 多维要素"的多维时空数据模型，并考虑到尺度维的变化性。陈义兰等指出海洋作为一个多维空间信息源，其物理特征具有很强的时空变化复杂性，而二维及三维GIS不能很好地支持地理对象和组合事件在时间维的处理，发展四维GIS来描述、处理海洋数据的时态特征是MGIS的一个重要发展领域。Wright等在《Arc Marine: GIS for a blue planet》一书中提出的Arc Marine数据模型就是基于点、线、面、体等过程特征数据以及多媒体数据，创建了5种通用模型。在考虑到时间维方面，Wright等探讨了Arc Marine模型中时间序列数据的组织、存储、查询、处理以及可视化，为广大ESRI用户提供了通用的组织和管理海洋地理信息的模型框架。Oosterom等提出了一种地理信息五维数据模型，将第五维，即尺度维与三维空间和四维时间融合，给出了地理数据在五维连续体中的定义，并研究了多维模型中5个维度的不同组合所带来的不同效果，实现了多维模型中三维空间、时间维、尺度空间在理论上的完全分割。

在海洋综合信息服务方面，随着各类海洋活动日益频繁，例如，海上交通运输、海滨旅游业等的快速发展，人们对海洋地理信息服务的需求也越来越迫切。早在20世纪90年代初，美国、英国、日本和加拿大等发达国家就开始了"空间数据基础设施（SDI）"的建设，并且在此基础上开展了海洋空间地理信息共享。各国的海洋数据中心也纷纷开始海洋地理信息服务的相关工作。美国最大的跨部门海洋观测体系，即综合海洋观测系统（Integrated Ocean

Observing System, IOOS），集合了美国管辖海域 11 个区域观测的 300 余个海洋站、100 余套浮标、全海岸线地波雷达网络、海洋卫星观测体系等，并且建立了统一的海洋数据中心进行数据汇总、共享和发布。日本的海洋地理信息服务则侧重于资源争夺与开发、战略纵深拓展、战略要道等，主要是为海洋国家战略提供信息服务。在互联网行业，由 Google 公司推出的 Google Ocean 便是一款结合了卫星照片和海洋探测地图的海床浏览工具，其中包含了大量的海洋基础地理信息。在我国，2003 年由国务院批准并实施的"我国近海海洋综合调查与评价"专项中，专门设立了"中国近海数字海洋信息基础框架构建"项目，建立了我国数字海洋信息基础平台、数字海洋原型系统和海洋综合管理与服务信息系统。2014 年，数字海洋应用服务系统（测试版）上线运行，标志着中国"数字海洋"工程应用服务的正式开始。与此同时，一系列探讨中国数字海洋信息化发展和海洋信息化服务的文章不断涌现。除了数字海洋工程，我国的海洋地理信息服务还被应用于其他许多方面。苏奋振等阐述了一种基于信息综合的海洋渔政支持系统。该系统针对渔业资源的时空特征以及行业需求，结合地理信息系统技术（GIS）、全球定位技术（GPS）、管理信息系统技术（MIS），构建了对时空信息和行业管理信息综合协调的综合决策支持系统，为渔业资源保护、海上指挥调控等提供决策支持。罗印等基于云计算技术，提出了一种并行化的海洋信息数据处理检索查询方法，并用于船舶地理信息查询，使用户可以快速查询船舶所处的海洋地理位置、地形环境、方位方向、与邻近船舶之间的距离角度等。厦门海洋预报台利用 SuperMap GIS 地理信息技术结合 Oracle 数据库技术和 SOA 架构技术，设计开发出一套融合了海洋环境数据信息管理、数值预报成果展示、海洋预警报和航线预报产品制作发布功能的厦门海洋环境预警综合信息服务平台，以提升厦门沿海地区综合防灾减灾能力。

随着公众对海洋信息化需求的日益提升，以及海洋大数据时代的到来，海洋地理信息服务的智能化、主动化、精确化、实时化，已成为未来发展的主要方向。

1.2 海洋地理信息可视化技术发展

海洋环境是一个复杂的动态系统，如何模拟仿真复杂海洋环境及其动态演变，并辅助海洋管理人员和科研人员从大量的海洋监测、模拟预报资料中提取知识，是当前海洋信息技术领域迫切需要解决的问题。

为解决该问题，海洋地理信息可视化技术应运而生，其核心是海洋环境显示模型建模和多维动态信息呈现。海洋环境显示模型结合海洋环境的空间分布和动态演变特点，对海洋特征进行综合描述分析和知识提取。海洋信息可视化结合描述海洋环境的海洋各个地理要素（包括海面、海岸、海洋水体和海底），通过直观生动的表达形式，展示海洋环境可视化模型，再现复杂的海洋环境过程和海洋现象以及与陆地环境的复合作用关系。

国内外关于海洋地理信息可视化的研究已经取得了许多成果。在国外，美国 Stennis 空间中心的海军研究实验室构建的一个由数据同化模型水动力模型、数据统计分析模型等组成的短期海洋预报系统，对海平面变化、水流、水温、盐度等海水物理性质的短时间内的变化进行预测预报并可视化显示。美国阿拉斯加海洋观测系统（AOOS）通过观测平台获取多元数据，然后将其输入到 ROMS，SWAN 等预报模式中，最后通过 WebGIS 技术实现预报结果的可视化、查询、分析等功能。美国的缅因湾海洋观测系统（GoMOOS）提供风暴潮、海浪，海面温度预报及卫星影像、实时浮标数据可视化查询显示。希腊海洋研究中心的海神系统是一个海洋监测、预报信息系统，为社会、工商业、政府以及科学研究组织提供海洋信息服务，服务内容包括数据服务、天气预报、海况预报、帆船预报、海洋预报、生态预测以及溢油漂移等，该系统主要利用各种海洋模型对同化数据进行模拟运算，从而实现天气及海洋过程的预测预报。美国国家海洋和大气管理局（NOAA）的大西洋实时海洋预报系统（RTOFS）集成了海面能见度模型、海冰分析模型、海冰漂移模型等数学模型，提供海浪预报、海水物质浓度分析、海风预报、海冰漂移预测、海表水温预报等多种服务，是一个功能较为全面的海洋预报信息系统。在我国，中科院南海所以组件式 GIS 为平台集成风场与海浪数值模型的关键技术，构建了南海台风风浪预报系统，实现了数值模型前处理、模型计算、模型后处理以及模型计算结果与 GIS 的无缝集成；河海大学针对风暴潮灾害设计开发了组件式 GIS 集成系统，使用自动分潮优化和嵌套网格的处理技术，一定程度上提高了风暴潮实时预报的速度和精度。刘伟峰等构建了胶州湾及其邻近海域溢油应急预报系统，该系统主要包括情景输入、模型计算、结果输出 3 个部分，输入海面风速、水温、气温等环境条件和溢油地点、时间、数量等溢油信息，利用潮流预报模型预报潮流场的动态变化，并通过溢油模型模拟计算出各时刻溢油的运动轨迹和扩散范围，最后基于应急反应模型，模拟污染的控制、回收、消除等方案的处理效果，同时可以将油膜轨迹、厚度、扩散范围等以可视动画、图形图表的形式呈现。国家海洋环境预报中心基于 WebGIS 技术研发了海温、海流、海浪、风暴潮、海冰、风场 6 种数值模式产品可视化系统，实现了数值预报模式结果的查询、显示和共享。基于 B/S 架构建设了海洋台站实时数据信息服务系统，实现了分钟级沿海海洋台站观测数据的可视化显示、查询和下载。基于 C/S 架构建设了风暴潮预警报信息系统，初步完成了风暴潮预报产品的辅助分析、制作功能。

海洋地理信息可视化技术的发展虽然取得了许多成果，但也面临一些挑战。例如，在表达方式上一般仍局限于等值线／面、流矢图等方法，而且常以较粗糙的地理信息为背景，没有结合高精度的基础地理信息数据和遥感影像数据，尤其是以球体模型为表达方式的海洋环境信息动态可视化研究仍处于试验阶段。此外，海洋作为一个多维空间信息源，其物理特征具有很强的时空变化复杂性和多尺度特性，二维及三维可视化模型不能很好地支持及表达这些特性。而目前国内在发展四维或五维 GIS 来描述海洋数据特征方面，大多集中在个别要素的"三维空间＋时间维"的动态表达上，且对尺度性的考虑不足。多维要素的集成表达及可视化，以及基于多维可视化研究多种海洋要素之间的相互作用关系，仍是海洋地理信息可视化未来发展的重要方向。

1.3　海洋预报的迫切需求

海洋预报是支撑海洋环境保障、海洋防灾减灾的重要公益性服务工作。在海洋观测能力、数值预报技术水平和基础计算条件得到较大改善和提高的情况下，海洋预报综合信息技术研究及其软件系统研发和业务化应用的缺失，已经成为制约海洋预报事业发展的重要瓶颈之一。

中国气象局在 20 世纪 90 年代初，开始了基于 GIS 技术自主研发气象信息综合分析处理系统（简称 MICAPS 系统）。与气象预报工作的信息技术相比，海洋预报综合信息技术研究相对落后。迄今为止，海洋预报在综合信息化方面仍然缺乏顶层设计和统筹规划。大多数信息技术研究和软件研发只是针对海洋预报工作中的某一项或几项关键技术进行，缺乏链条式和整体式的系统研究，缺乏有针对性的、目的性的业务化应用，主要不足体现在：

（1）缺乏支撑我国四级海洋预报体系的预报信息系统，严重影响了海洋预报业务化运行，也大大制约了预报管理水平的发展。

（2）海洋预报的信息系统功能各异，标准不一，导致各级预报单位制作的预报产品不规范，美观程度、产品制作效率不高。

（3）缺乏具有核心知识产权的海洋预报 GIS 基础平台，缺少海洋预报信息化长远发展的支撑力度。

（4）缺少以三维球体模型为表达方式的，集成基础地理和预报信息的海洋环境信息可视化平台。

（5）缺少海洋预报数据的行业规范和数据标准，增加了与国家"数字海洋"建设集成的难度，影响了海洋预报信息的共享和应用。

（6）海洋观测、监测和监控系统分散，缺乏集成化、整合一体的数据收集系统。

（7）缺乏对海洋预报数据的实时快速处理和实时数据支持能力。

因此，研发具有核心知识产权的海洋预报基础 GIS 平台，重点发展海洋预报综合信息系统（MiFSIS），以综合信息技术研究为牵引，以业务化应用为目标，以软件系统研发为支撑，是提高海洋预报信息化水平的必经之路。通过系统的推广使用，为海洋预报业务工作提供统一的软件工作平台，满足我国各级海洋预报体系和科研单位的业务化和科研需要，弥补国内在海洋预报综合信息平台领域的空白。

海洋预报综合信息系统（MiFSIS）的具体意义在于：规范海洋预报综合分析技术流程，提高海洋预报技术水平；提高预报工作的自动化和信息化水平，减少基础性的数据处理工作，提高工作效率，降低劳动负荷；为海洋环境数据处理分析工作提供 GIS 底图和地理空间分析工具，解决长期困扰预报人员的地理空间分析和制图的问题；提高海洋预报产品中制图的水平和美观程度；作为统一制图软件，有利于海洋预报制图标准和规范的执行；作为海洋预报管理的有力工具，促进海洋预报数据和产品共享；创立海洋预报的"品牌"效益，有利于扩大海洋预报事业在全国海洋工作中的影响力。

同时，海洋预报综合信息系统可以纳入我国"数字海洋"的信息基础框架中，通过与"数字海洋"8个系统之一的"海洋预警报系统"以及三维可视化系统进行有机整合，实现与中国数字海洋信息基础框架的无缝连接，成为"数字海洋"框架中具有很高显示度的专业特色系统。

此外，海洋预报综合信息系统结合海洋观测数据在我国海洋预报体系进行业务化应用，不仅有助于提高我国海岸带与近海海洋环境观测、监测、监控、预报和管理的技术水平，而且可为解决更加复杂的沿海经济、社会和环境问题提供整体信息技术支持，提高政府对海洋的科学决策能力。

1.4　海洋预报人机交互系统简介

近年来，基于海洋地理信息系统集成平台的相关研究和业务化应用工作已被列入海洋预报的"4121"工程（第一个"1"），成为一段时间内优先发展、示范和应用的重要内容之一。海洋预报综合信息技术研究及其软件系统平台研发任务主要来源于海洋公益性行业科研专项项目"海洋预报综合信息系统（MiFSIS）研究应用"（项目编号：201105017）；国海预字〔2009〕687号开展海洋预报人机交互平台建设的工作任务。

海洋预报人机交互平台是以"海洋预报综合信息系统（MiFSIS）研究应用"项目的科研成果为基础，并结合业务化海洋预报特点，研制的业务化软件系统。

该系统较为全面、系统地梳理了海洋预报数据和需求，以识别海洋现象为例，开展了海洋预报时空数据模型研究和海洋物理要素的可视化技术研究，自主研制了海洋预报的预报组件库，构建了海洋预报人机交互平台，基本覆盖了海洋预警报主体业务，解决了目前海洋预报领域缺少基础性、综合性业务化软件系统的问题，提高了海洋预报信息化能力。海洋预报人机交互系统主要内容体现在以下几方面。

（1）国内首次研制了海洋预报关键业务环节全覆盖、一体化、综合性海洋预报业务系统，推出海洋预报人机交互平台V1.0版本。

采用成熟、先进软件信息技术，以自主研发的海洋预报组件库为基础，通过对预报业务环节的整合、设计，研制了海洋预报人机交互平台V1.0软件系统，涵盖海浪、风暴潮、海洋气象、海冰、热带气旋警报、面向保障目标专项预报、警报业务，具备基础地理信息可视化、多源海洋气象观测数据查询与可视化、参考资料展示、对比、叠加、实时/历史热带气旋检索、相似性分析、数值预报产品（网格化预报指导产品）可视化与计算分析、人机交互式预报警报综合分析与制图、海浪、风暴潮、海冰、热带气旋、目标专项预警报产品的流程化制作、一键式发送、统计和误差统计分析等30余种功能。该系统作为集成化业务系统，辅助预报员开展资料处理与显示、综合预报分析和预警报产品制作，有效降低了人工劳动强度，提高工作效率，提升了预报标准化和信息化水平。

（2）从时间空间视角，研究分析海洋现象，研究其发展变化规律，开展海洋时空数据模型研究。

以海洋中尺度涡为例，开展了海洋时空过程演化建模研究。基于历史涡旋资料，从时空发展过程分析了中尺度涡的演化过程，发现其随着时间变化不仅出现位置移动，还伴随着形状、强度、涡度等属性特征变化，此外，涡旋核心也会出现合并、分裂、改变等情况。根据分析结果，以事件方式对中尺度涡的时空位置形态演变和其发展过程中的分裂与合并、多核演变等进行记录，为构建时空数据模型和识别方法奠定基础。开展了中尺度涡的演变追踪方法研究，基于空间最近距离原则，提出一种基于拓扑重构的海洋涡旋过程演化时空数据模型，该模型不仅可以完善地记录每个涡旋过程的时空演化状态，还可以通过涡旋状态之间的拓扑关系进行涡旋过程的时空演变及过程之间的拓扑关系重构，为分析涡旋内部的演变机制与规律奠定了基础。

基于该模型对中国南海区 2007—2011 年的中尺度涡演变过程进行了自动提取和追踪实验，取得了较为满意的实验结果。构建了南海区连续 10 年涡旋演化过程数据集，采用阶段对象进行涡旋过程简化描述，有效地组织与管理海洋涡旋演化过程，形成 "过程—阶段—状态" 的涡旋过程案例库，为开展海洋涡旋过程时空特征分析提供了一种新思路。

（3）从海洋预报行业应用特点出发，自主研制了具有自主知识产权的海洋预报组件库。

以开源地理信息系统为基础，开展了 3 项核心工作，形成海洋预报组件库，具体如下。

一是扩展了基本地理信息数据模型，研制了数据访问组件。设计并实现了场模型和路径时空模型，分别用于表达时间关联性的数值预报格点数据和预报路径数据。研制了组合数据模型，扩展了线、多边形数据模型，以支持表达海洋预报专用点、线、多边形状符号和文字标注。针对上述数据模型，研发了数据访问组件，支持外部数据访问。相比于通用地理信息系统软件，对海洋预报常用数据的支持程度更高，尤其能体现其时间空间特性，数据访问效率更高。

二是研制了海洋预报专业符号库及人机交互制图组件。在数据模型支持下，研制开发了海洋预报专业符号库，包括海浪、风暴潮、海冰、热带气旋、海洋气象预警报中常用的十余种海洋预报符号和 20 余种常用气象预报符号。实现了人机交互综合分析绘图，研制了海洋预报制图组件，实现对海洋预报符号可视化渲染、位置编辑、属性编辑和持久化等功能。同时，该组件还实现了对绘图过程的控制和管理，其关键点包括画布容器内不同类型符号的识别与操作、绘图过程的多级恢复与撤销、自动化制图与多格式输出等。对比商业化 ArcGIS 软件，该制图组件提供了 ArcGIS 不具备的海洋预报专用符号。此外，在绘图操作、输出方面也更为简便、实用，大大降低了操作的复杂度制度，缩短了时间。

三是研制了海洋预报实用算法组件库。研制了基于贝塞尔和样条曲线自动平滑算法，通过调用算法函数及其参数，实现等值线、等值面绘制的曲线可自动平滑，更加美观；研制了基于格点等值线自动追踪、平滑算法，实现格点数据直接生成平滑等值线；研制了格点数据抽取与内插算法，实现多级数值预报瓦片图的生成；研制了基于表格和模板映射驱动的预报单灵活配置的批处理脚本及函数接口，实现了对预报单的定制开发和配置扩展。

（4）以海洋数值预报产品为数据源，研究海洋动力要素的可视化表达方法和关键技术，提升海洋预报产品显示度。

以大洋流场的可视化表达为研究对象，引入计算机图形学中的粒子系统模拟不同空间尺度海流场的形态和动态变化。建立数值预报输出结果与粒子系统在时间、空间状态的关联关系，构造粒子初始状态并研究随机粒子的动态追踪方法和技术，通过大量粒子的出生、运动、生长和消亡状态，模拟不同空间尺度下海流场的形态变化。同时，研究并提出了一种流场的自适应步长构造算法，相比传统经典算法能有效减少内存开销和时间消耗，提高了可视化效率和信息量。此外，依托开源三维可视化平台，扩展研发了流场粒子系统、流场自适应流线、海温、海浪、风场可视化展示系统的开发，并投入实际应用，实现了虚拟现实技术与海洋预报的有效结合。

（5）从海洋预报实际应用出发，集成多种数据采集与处理技术，研制了高集成度、自动化的数据资料自动化收集与处理系统。

海洋预报领域主要应用的资料有观测数据、外部参考资料和数值预报产品三大类数据。其中观测数据以自然资源部海洋观测体系及相关机构的交换数据为主，其特点是种类多、报文类格式复杂，需开展数据质控与验证；外部参考资料以网页为主，需提取具有参考价值的观测数据或图件，其特点是网址页面 DOM 结构复杂、数量多；数值预报产品以数值预报模式输出结果为主，需开展数据清洗、抽取及面向预报应用的数据运算与处理，其特点是格式多、数据量巨大、时空尺度各异。

针对数据多来源、多格式、多时相、多时空尺度等特点，充分考虑其可扩展性和维护性，设计研制了基于插件式框架的数据采集与处理系统，将系统划分为宿主框架和插件集，以宿主框架支撑宿主与框架的通信和插件的创建、运行和销毁。依托这种模式，研制了 3 个处理系统，分别用于对海洋数据传输网和全球电传系统中多种观测数据或报文的解码解析处理、入库存储，数据处理时间延迟不超过 5 分钟；采用爬虫技术和正则匹配技术对多家预报机构发布的多种观测数据、卫星云图、反演产品、分析产品、预报产品进行定时采集，并按照一定的文件组织结构对图件进行归类处理，针对图片类文件采用非结构化数据库进行管理；基于 Python 科学库研制了场数据运算器，对数值预报输出结果按照分要素、预报时次、空间范围进行要素提取和分解处理，用于不同量级的标准化数据集的生产和计算。

1.5　海洋预报综合信息系统的应用成效

海洋预报综合信息系统（MiFSIS）以海洋预报需求为牵引，开展了海洋数据模型研究和海洋动力要素可视化技术研发，研制了具有自主知识产权的海洋预报组件库，推出了海洋预报人机交互平台（V1.0）软件系统，在海洋预报体系内首次实现了大范围推广应用，填补了海洋预报信息化领域的部分空白。

通过系统软件的应用，解决了困扰海洋预报一线预报人员的缺乏标准化作业平台、预警报作业流程不规范、专题制图和预警报产品输出标准不统一等问题，替代了分散、功能单一的程序或软件，实现了海洋预报的集成化、一体化，有效降低了劳动强度，提升工作效率，为海洋减灾防灾提供有力保障支撑。

该系统的业务化应用是海洋预报信息化领域的重要里程碑，见证了海洋预报信息化由碎片化、零散化到系统化、集成化的转变。自 2012 年起，该系统在国家海洋环境预报中心投入业务化运行，已经实现超过 10 年的稳定运行。2012 年下半年开始在北海、东海、南海预报中心安装部署，组织了海区培训班，培训一线海洋从业人员超过 150 人次。2013 年编制了推广应用方案，并在 2013—2014 年陆续在海洋预报体系内 26 家单位安装部署并长期使用，取得了良好的反馈。

第2章 海洋预报信息系统的需求分析

在业务化海洋预报中不同预报要素对于预报信息系统的具体功能需求不尽相同，但总体上可以总结归纳为3个方面，一是数据资料的需求，包括对观测数据、参考资料以及数值预报产品的需求；二是预报综合分析的需求，包括对多源数据的展示与统计、综合制图分析的需求；三是对产品制作与管理的需求，包括对综合产品辅助制作、管理以及预报产品发送的需求。

本章将以上3方面需求作为切入点，进行总结归纳和整理，为后续开展系统平台设计奠定基础。

2.1 数据资料的需求

在实际业务中，数据资料的收集、处理和应用是最为重要的，本部分从观测数据、预报参考资料和数值预报资料3个方面进行总结。

2.1.1 观测数据

用于业务化海洋预报的观测数据主要包括自然资源部属的海洋站、浮标、志愿船，中国气象局共享的全球电传系统中的地面观测报告、浮标观测报告等，以及通过网络发布的观测数据。

2.1.1.1 海洋站

自然资源部属的海洋站提供多种格式的观测数据，以编码报文格式、明码数据文件为主。

1）OHM 报文格式数据

用编码方式组织的海洋观测数据，要素包括波浪、表层海温、表层盐度、潮位、气温、气压、降水、能见度、相对湿度、风速、风向等。报文观测每隔3小时或6小时编报上传1次，每个海洋站独立编码上报。海洋站编码报文的文件命名规则为MMDDHH.III。其中，MM表示月份，DD表示日期，HH表示时间。III表示海洋站站点代码。

该类数据格式详见附件中的对应部分描述。

2）海洋站逐时数据

逐时数据是明码文件，要素包括表层海温、表层盐度、潮位、气温、气压、降水、能见度、相对湿度、风速、风向、波浪等。逐时数据每小时生成上传1次，每个海洋站独立上传。

逐时数据文件命名按照观测要素分开存储，每个要素独立为 1 个文件，每天观测数据存储到 1 个文件中（波浪除外）。文件名包含观测要素标识缩写、观测的月和日，文件的扩展名为区站号。基本格式为 codeMMDD.IIIII，其中，code 为要素标识（表 2-1），MM 表示月份，DD 表示日期，IIIII 表示区站号。其中，潮位、风和海浪命名略有调整，在表 2-1 的备注中描述。

表 2-1　海洋站逐时数据格式

要　　素	要素缩写	文件命名	备　　注
海温	wt	wtMMDD.IIIII	
盐度	sl	slMMDD.IIIII	
潮汐	wl	wlMMDD_dat.IIIII	_dat 标识为逐时潮位文件
气温	at	atMMDD.IIIII	
气压	bp	bpMMDD.IIIII	
降水	rn	rnMMDD.IIIII	
能见度	vb	vbMMDD.IIIII	
相对湿度	hu	huMMDD.IIIII	
风	ws	wsMMDD_dat.IIIII	_dat 标识为逐时风文件
海浪	wv	wvMMDDHH.IIIII	HH 为观测小时

3）海洋站分钟数据

分钟数据是明码文件，要素包括水温、盐度、潮位、气温、气压、湿度、降水、风速风向等，分钟数据每分钟生成上传 1 次。

分钟数据格式详见附件中的对应部分描述。

2.1.1.2　浮标

自然资源部属的浮标提供多种格式的观测数据，以 XML 格式文件和编码报文格式为主。

1）浮标站报文数据（FUB 格式）

用编码方式组织的海洋观测数据，要素包括风速、风向、气压、气温、湿度、水温、盐度、波高、波向、波周期、有效波高、有效周期、最大波高、最大周期、海流等要素。报文观测每小时编码上传 1 次，该数据格式在自然资源部北海局和东海局使用，每个海区管理的浮标编码为 1 个文件。文件命名规则是 codeMMDDHH.FUB，其中 code 表示所属局，QD 为北海局，SH 为东海局，MM 表示月份，DD 表示日期，HH 表示时间。

具体格式详见附件对应部分。

2）浮标站报文数据（XML 格式）

用 XML 格式组织的海洋观测数据，包括风速、风向、气压、气温、湿度、波高、波向、波周期、有效波高、有效周期、最大波高、最大周期、海流、海温等要素。XML 数据每小时或者 30 分钟上传 1 次，该数据格式在自然资源部北海局、东海局、南海局使用。每个浮标 1 个文件，文件命名规则 YYYYMMDDHHMMQFXXX.dat.xml，其中，YYYY 表示年份，例如 2010；MM 表示月份，取值范围为 00 ～ 12；DD 表示日期，取值范围为 00 ～ 31；HH 表示小时，取值范围为 00 ～ 23；MM 表示分钟，取值范围为 00 ～ 59；QFXXX 表示大浮标代码。

文件格式详见附件对应部分。

2.1.1.3　志愿船

自然资源部属的志愿船提供多种格式的观测数据，以 XML 格式文件和编码报文格式为主。

1）近海船舶报文数据（BBX 格式）

用编码方式组织的海洋观测数据，要素包括风速、风向、气压、气温、湿度、水温、盐度、波高、波向、波周期、有效波高、有效周期、最大波高、最大周期、海流等要素。

报文观测每小时编码上传 1 次，该数据格式在自然资源部北海局和东海局使用，每个海区管理的浮标编码为 1 个文件。文件命名说明文件命名方式示例 QD010113.BBX。

文件命名规则是 codeMMDDHH.BBX，其中 code 表示所属局，QD 为北海局，SH 为东海局，MM 表示月份，DD 表示日期，HH 表示时间。

文件格式详见附件对应部分。

2）船舶报 XML 格式

用 XML 格式组织的海洋观测数据，包括相对风速、风向、气压、气温、相对湿度、水温等要素。

文件格式详见附件对应部分。

2.1.1.4　网络发布观测数据

国内外各海洋气象预报机构通过网站等渠道发布的观测数据是重要的补充资料，为预报员开展综合分析提供了参考。常用的包括中国台湾地区交通部门气象局网站发布的台湾岛周边的浮标资料、美国国家海洋与大气管理局国家浮标数据中心发布的朝鲜半岛周边浮标资料（与韩国共享）、船舶观测资料。

1）中国台湾地区发布浮标

发布单位是中国台湾地区交通部门气象局网站，发布网址如下。

https://www.cwb.gov.tw/V8/C/M/OBS_Marine.html

观测要素包括浪高、浪向、周期、风力、风向、阵风、海温、气温、气压、流向、流速。

浮标数据发布的地址见表 2-2 所示。

表 2-2   中国台湾地区浮标数据发布网址及位置

浮标名称	数据网址	经度（东经）	纬度（北纬）
彭佳屿浮标	https://www.cwb.gov.tw/V8/C/M/OBS_Marine_30day.html?MID=C6B01	122.065	25.6152
龙洞浮标	https://www.cwb.gov.tw/V8/C/M/OBS_Marine_30day.html?MID=46694A	121.9219	25.0983
富贵角浮标	https://www.cwb.gov.tw/V8/C/M/OBS_Marine_30day.html?MID=C6AH2	121.535	25.304
台中浮标	https://www.cwb.gov.tw/V8/C/M/OBS_Marine_30day.html?MID=C6F01	120.40944	24.21111
新竹浮标	https://www.cwb.gov.tw/V8/C/M/OBS_Marine_30day.html?MID=46757B	120.88	24.7605
七股浮标	https://www.cwb.gov.tw/V8/C/M/OBS_Marine_30day.html?MID=46778A	120.0075	23.095
弥陀浮标	https://www.cwb.gov.tw/V8/C/M/OBS_Marine_30day.html?MID=COMC08	120.1636	22.7636
鹅銮鼻浮标	https://www.cwb.gov.tw/V8/C/M/OBS_Marine_30day.html?MID=46759A	120.8152	21.918
台东浮标	https://www.cwb.gov.tw/V8/C/M/OBS_Marine_30day.html?MID=WRA007	121.14	22.72
成功浮球	https://www.cwb.gov.tw/V8/C/M/OBS_Marine_30day.html?MID=46761F	121.42	23.133
台大资料浮标 1	https://www.cwb.gov.tw/V8/C/M/OBS_Marine_30day.html?MID=NTU01	123.9799	21.156
台大资料浮标 2	https://www.cwb.gov.tw/V8/C/M/OBS_Marine_30day.html?MID=NTU02	122.5952	21.942
兰屿浮标	https://www.cwb.gov.tw/V8/C/M/OBS_Marine_30day.html?MID=C6S94	121.5758	22.0719
花莲浮标	https://www.cwb.gov.tw/V8/C/M/OBS_Marine_30day.html?MID=46699A	121.6316	24.0316
苏澳浮标	https://www.cwb.gov.tw/V8/C/M/OBS_Marine_30day.html?MID=46706A	121.8758	24.8758
龟山岛浮标	https://www.cwb.gov.tw/V8/C/M/OBS_Marine_30day.html?MID=46708A	121.925	24.8475
七美浮标	https://www.cwb.gov.tw/V8/C/M/OBS_Marine_30day.html?MID=C6W10	119.5175	22.9502
澎湖浮标	https://www.cwb.gov.tw/V8/C/M/OBS_Marine_30day.html?MID=46735A	119.5519	23.726

续表

浮标名称	数据网址	经度（东经）	纬度（北纬）
马祖浮标	https://www.cwb.gov.tw/V8/C/M/OBS_Marine_30day.html?MID=C6W08	120.513	26.3511
金门浮标	https://www.cwb.gov.tw/V8/C/M/OBS_Marine_30day.html?MID=46787A	118.413	24.38
东沙岛浮标	https://www.cwb.gov.tw/V8/C/M/OBS_Marine_30day.html?MID=C6V27	118.895	21.0816

注：经度、纬度以十进制形式表达，东经为正，西经为负，北纬为正，南纬为负。

以龙洞浮标为例，其数据对外发布以表格形式呈现，观测数据时间间隔为逐小时，如图 2-1 所示。

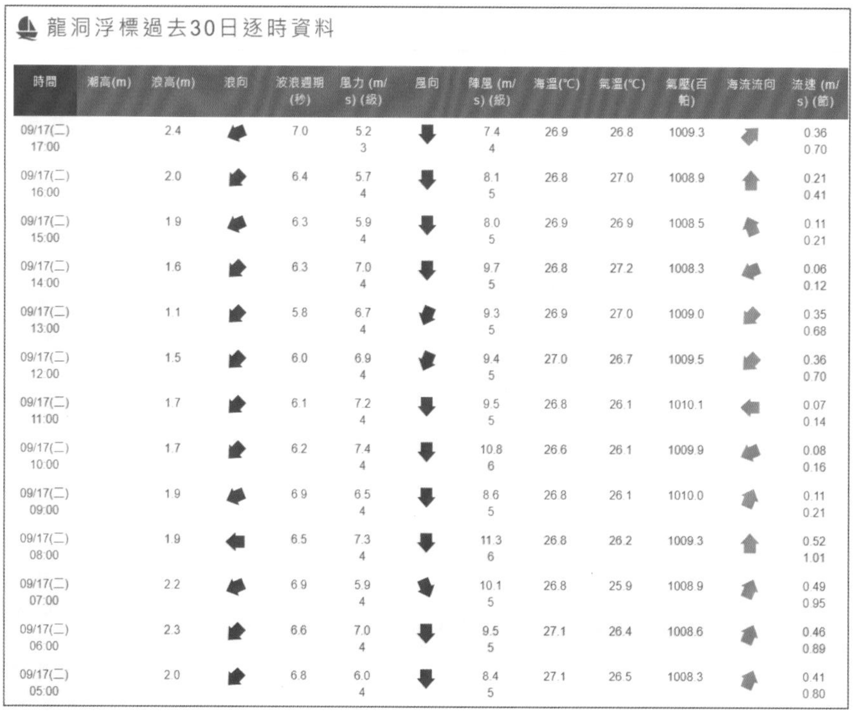
龍洞浮標過去30日逐時資料

時間	潮高(m)	浪高(m)	浪向	波浪週期(秒)	風力 (m/s) (級)	風向	陣風 (m/s) (級)	海溫(℃)	氣溫(℃)	氣壓(百帕)	海流流向	流速 (m/s) (節)
09/17(二) 17:00		2.4		7.0	5.2 3		7.4 4	26.9	26.8	1009.3		0.36 0.70
09/17(二) 16:00		2.0		6.4	5.7 4		8.1 5	26.8	27.0	1008.9		0.21 0.41
09/17(二) 15:00		1.9		6.3	5.9 4		8.0 5	26.9	26.9	1008.5		0.11 0.21
09/17(二) 14:00		1.6		6.3	7.0 4		9.7 5	26.8	27.2	1008.3		0.06 0.12
09/17(二) 13:00		1.1		5.8	6.7 4		9.3 5	26.9	27.0	1009.0		0.35 0.68
09/17(二) 12:00		1.5		6.0	6.9 4		9.4 5	27.0	26.7	1009.5		0.36 0.70
09/17(二) 11:00		1.7		6.1	7.2 4		9.5 5	26.8	26.1	1010.1		0.07 0.14
09/17(二) 10:00		1.7		6.2	7.4 4		10.8 6	26.6	26.1	1009.9		0.08 0.16
09/17(二) 09:00		1.9		6.9	6.5 4		8.6 5	26.8	26.1	1010.0		0.11 0.21
09/17(二) 08:00		1.9		6.5	7.3 4		11.3 6	26.8	26.2	1009.3		0.52 1.01
09/17(二) 07:00		2.2		6.9	5.9 4		10.1 5	26.8	25.9	1008.9		0.49 0.95
09/17(二) 06:00		2.3		6.6	7.0 4		9.5 5	27.1	26.4	1008.6		0.46 0.89
09/17(二) 05:00		2.0		6.8	6.0 4		8.4 5	27.1	26.5	1008.3		0.41 0.80

图 2-1　龙洞浮标数据发布页面

（资料来源：中国台湾地区交通部门气象局网站）

2）韩国浮标

数据来源于美国国家海洋与大气管理局国家浮标数据中心，数据发布地址为：https://www.ndbc.noaa.gov/。

浮标数据的管理机构是韩国大气管理局，观测要素包括风速、风向、阵风、海温、气温、气压。

浮标数据发布的地址见表 2-3 所示。

表 2-3　韩国浮标数据发布网址及位置

浮标代码	数据网址	经度（东经）	纬度（北纬）
22101	https://www.ndbc.noaa.gov/station_page.php?station=22101	126.020	37.230
22102	https://www.ndbc.noaa.gov/station_page.php?station=22102	125.770	34.800
22103	https://www.ndbc.noaa.gov/station_page.php?station=22103	127.500	34.000
22104	https://www.ndbc.noaa.gov/station_page.php?station=22104	128.900	34.770
22105	https://www.ndbc.noaa.gov/station_page.php?station=22105	130.000	37.530
22106	https://www.ndbc.noaa.gov/station_page.php?station=22106	129.780	36.350
22107	https://www.ndbc.noaa.gov/station_page.php?station=22107	126.030	33.080
22108	https://www.ndbc.noaa.gov/station_page.php?station=22108	125.750	36.250

以 22101 浮标为例，其数据对外发布以表格形式呈现，观测数据时间间隔为逐小时，如图 2-2 所示。

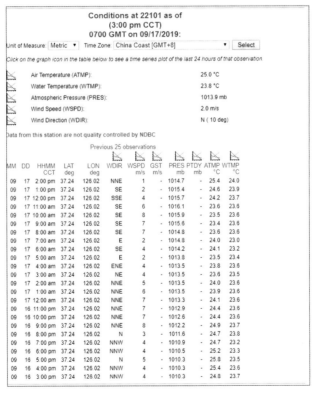

图 2-2　22101浮标数据发布页面

（资料来源：NDBC网站）

3）志愿船观测

数据来源于美国国家海洋与大气管理局国家浮标数据中心（NDBC），为共享的志愿船观测数据，发布地址为：https://www.ndbc.noaa.gov/ship_obs.php?uom=M&time=0。

观测要素包括风速、风向、阵风、有效波高、周期、海温、气温、气压、露点温度。

船舶观测数据对外发布以表格形式呈现，观测数据时间间隔为逐小时，如图 2-3 所示。

Ship Observations Report

Unit of Measure: Metric ▾　Time: current hour ▾　[Show Observations]　Description of Observation Data

Not all ships are U.S. Voluntary Observing Ship participants.

151 observations from 09/17/2019 0800 GMT to 09/17/2019 0824 GMT

SHIP ID	HOUR (GMT)	LAT °T	LON	WDIR °T	WSPD m/s	GST m/s	WVHT m	DPD sec	PRES mb	PTDY mb	ATMP °C	WTMP °C	DEWP °C	VIS km	TCC 8th	S1HT m	S1PD sec	S1DIR °T	S2HT m	S2PD sec	S2DIR °T	Ice °T	Sea Acc
SHIP	08	58.3	-59.9	350	7.7	-	-	-	1024.2	+0.4	5.0	-	-0.4	-	-	-	-	-	-	-	-	-	-
SHIP	08	59.3	-69.6	100	0.5	-	-	-	1025.7	+1.2	-0.4	-	-0.1	-	-	-	-	-	-	-	-	-	-
SHIP	08	62.1	-74.7	10	1.5	-	-	-	1020.5	+0.3	8.2	-	1.2	-	-	-	-	-	-	-	-	-	-
SHIP	08	53.6	-130.5	110	9.3	-	-	-	996.2	-1.7	12.3	-	9.7	-	-	-	-	-	-	-	-	-	-
SHIP	08	52.9	-65.0	340	14.9	-	-	-	1008.8	-0.4	5.0	5.1	0.9	-	-	-	-	-	-	-	-	-	-
SHIP	08	49.1	-67.5	60	4.6	-	-	-	1019.9	+1.3	9.2	8.2	6.7	-	-	-	-	-	-	-	-	-	-
SHIP	08	51.2	-96.6	150	5.7	-	-	-	1005.4	-0.6	22.1	-	19.3	-	-	-	-	-	-	-	-	-	-
SHIP	08	52.5	-128.8	110	7.7	-	-	-	998.6	-1.0	13.1	-	-21.1	-	-	-	-	-	-	-	-	-	-
SHIP	08	62.5	-114.3	70	4.6	-	-	-	999.4	-1.8	10.0	-	9.0	-	-	-	-	-	-	-	-	-	-
SHIP	08	63.5	-91.1	250	2.6	-	-	-	-	-	3.5	-	4.7	-	-	-	-	-	-	-	-	-	-
SHIP	08	68.6	-101.7	290	10.8	-	-	-	1009.6	+1.1	1.1	-	-0.1	-	-	-	-	-	-	-	-	-	-
SHIP	08	70.1	-124.7	200	10.8	-	-	-	1014.5	+0.4	2.5	-	2.1	-	-	-	-	-	-	-	-	-	-
SHIP	08	70.7	-117.8	50	3.1	-	-	-	1018.8	+0.5	0.4	-	-3.0	-	-	-	-	-	-	-	-	-	-
SHIP	08	68.4	-133.8	130	1.0	-	-	-	-	-	6.9	-	5.2	-	-	-	-	-	-	-	-	-	-
SHIP	08	67.6	-64.0	210	3.1	-	-	-	1023.2	+0.2	2.8	-	-2.6	-	-	-	-	-	-	-	-	-	-
SHIP	08	63.9	-93.6	190	2.6	-	-	-	1016.4	+0.8	4.6	-	3.1	-	-	-	-	-	-	-	-	-	-
SHIP	08	67.6	-134.2	330	6.7	-	-	-	-	-	4.6	-	4.6	-	-	-	-	-	-	-	-	-	-
SHIP	08	49.1	-67.6	40	5.7	-	-	-	1020.0	+1.2	8.9	8.2	6.8	-	-	-	-	-	-	-	-	-	-
SHIP	08	48.4	-69.2	70	3.6	-	-	-	1018.4	-0.1	13.7	-	13.7	-	-	-	-	-	-	-	-	-	-
SHIP	08	43.1	-79.2	140	0.5	-	-	-	-	-	13.4	-	11.9	-	-	-	-	-	-	-	-	-	-
SHIP	08	44.7	-63.6	330	3.6	-	-	-	1012.4	+0.3	13.6	-	11.4	-	-	-	-	-	-	-	-	-	-
SHIP	08	44.7	-62.0	330	8.2	-	-	-	1009.6	+0.7	13.6	-	13.6	-	-	-	-	-	-	-	-	-	-
SHIP	08	42.2	-60.8	40	8.2	-	-	-	1019.5	+0.3	18.2	-	15.6	-	-	-	-	-	-	-	-	-	-
SHIP	08	8.6	-57.9	120	3.1	-	-	-	1010.1	-0.7	29.1	-	25.7	-	-	-	-	-	-	-	-	-	-
SHIP	08	54.7	-133.9	90	25.7	-	2.5	99.0	993.4	-2.0	12.2	15.5	9.2	9.3	8	2.5	10.0	VRB	-	-	-	-	-
SHIP	08	53.8	-130.7	110	19.6	-	-	-	994.2	-2.0	12.6	17.9	11.0	9.3	-	-	-	-	-	-	-	-	-
SHIP	08	55.1	-133.8	110	9.3	-	-	-	995.5	-	12.0	-	-	20.4	8	-	-	-	-	-	-	-	-
SHIP	08	45.2	-66.1	20	5.1	-	-	-	1014.4	+1.4	12.3	-	9.2	-	-	-	-	-	-	-	-	-	-
SHIP	08	45.3	-60.0	70	0.5	-	-	-	1022.4	+0.5	11.0	-	11.0	-	-	-	-	-	-	-	-	-	-
SHIP	08	47.4	-61.9	70	16.0	-	-	-	1012.3	+1.4	9.9	-	-	-	-	-	-	-	-	-	-	-	-
SHIP	08	47.5	-65.7	170	5.1	-	-	-	1021.8	+0.8	12.6	13.2	12.5	-	-	-	-	-	-	-	-	-	-
SHIP	08	47.6	-59.1	20	4.6	-	-	-	1008.6	+1.0	11.4	-	11.5	-	-	-	-	-	-	-	-	-	-
SHIP	08	46.9	-64.5	30	13.9	-	-	-	1014.4	-0.3	11.5	-	11.8	-	-	-	-	-	-	-	-	-	-
SHIP	08	46.8	-71.2	80	3.6	-	-	-	1019.9	+1.8	13.3	-	10.6	-	-	-	-	-	-	-	-	-	-
SHIP	08	45.5	-73.5	10	4.6	-	-	-	-	-	14.1	-	6.4	-	-	-	-	-	-	-	-	-	-
SHIP	08	45.6	-60.8	310	3.6	-	-	-	1009.5	+0.3	12.5	-	12.5	-	-	-	-	-	-	-	-	-	-
SHIP	08	76.7	-137.4	110	9.8	-	-	-	1024.0	+1.0	-1.9	-	-2.1	-	-	-	-	-	-	-	-	-	-
SHIP	08	65.8	-21.2	-	-	-	0.6	5	-	-	-	-	-	-	-	-	-	-	-	-	-	-	-
SHIP	08	46.7	-64.8	140	5.7	-	-	-	1022.0	-	13.9	14.4	-	-	-	-	-	-	-	-	-	-	-
SHIP	08	43.9	-62.5	70	4.1	-	-	-	1021.1	-	17.4	16.4	-	-	-	-	-	-	-	-	-	-	-
SHIP	08	18.2	126.2	280	10.3	-	-	-	1002.5	-	27.3	29.1	25.3	-	-	-	-	-	-	-	-	-	-
SHIP	08	30.8	-60.0	360	8.2	-	-	-	1011.4	-1.4	26.8	30.6	22.7	-	-	-	-	-	-	-	-	-	-
SHIP	08	47.3	-69.4	170	7.2	-	-	-	1015.9	-	17.7	-	-	-	-	-	-	-	-	-	-	-	-
SHIP	08	29.9	-127.2	60	6.2	-	-	-	1017.4	-	22.5	16.3	-	-	-	-	-	-	-	-	-	-	-
SHIP	08	48.4	-125.9	160	11.3	-	-	-	1003.2	-1.0	15.6	15.0	14.6	20.4	8	-	-	-	-	-	-	-	-
SHIP	08	47.1	-91.2	60	4.1	-	0.5	-	1015.9	-	11.6	-	-	0.2	7	-	-	-	-	-	-	-	-
SHIP	08	32.7	-117.2	280	1.0	-	-	-	1013.4	-	19.6	22.4	17.7	-	-	-	-	-	-	-	-	-	-
SHIP	08	38.6	-73.1	50	3.6	-	-	-	1016.0	-	22.9	24.4	14.7	-	-	-	-	-	-	-	-	-	-
SHIP	08	47.1	-90.8	30	2.1	-	-	-	1016.3	-	13.1	9.4	-	-	-	-	-	-	-	-	-	-	-
SHIP	08	46.0	-63.9	170	0.5	-	-	-	1020.8	-	14.1	14.2	-	-	-	-	-	-	-	-	-	-	-
SHIP	08	23.8	-165.3	120	4.1	-	-	-	1012.6	-	27.4	28.1	23.1	-	-	-	-	-	-	-	-	-	-
SHIP	08	43.6	-62.1	70	5.7	-	-	-	1020.8	-	19.1	-	19.1	-	-	-	-	-	-	-	-	-	-

图 2-3　船舶观测数据发布页面

（资料来源：NDBC 网站）

2.1.2　预报参考资料

参考资料分为三类，第一类是热带气旋实况及预报信息；第二类是各预报机构发布的参考信息；第三类是卫星遥感产品。

2.1.2.1　热带气旋实况 / 预报

本部分总结了中国中央气象台、中国台湾地区以及日本、美国、韩国的预报路径，发布地址、页面及其主要内容。

1）中国中央气象台

中国中央气象台发布的热带气旋信息是海浪风暴潮警报的重要依据。

热带气旋发布地址为：http://www.nmc.cn/publish/typhoon/message.html。

热带气旋实况和预报信息以报文形式存在，一般在 SUBJECTIVE FORECAST 关键字后，其后依次为热带气旋编号、名称、发布时间、实况点位置、中心气压、风速、风圈半径以及未来的预报路径等信息，如图 2-4 所示。

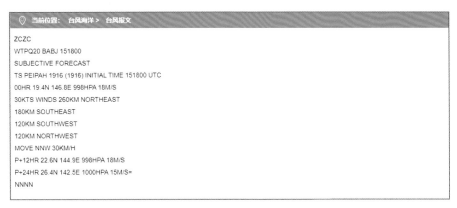

图 2-4   中国中央气象台热带气旋预报报文页面

（资料来源：中国中央气象台网站）

2）日本气象厅（JMA）

日本气象厅热带气旋发布地址为：http://www.jma.go.jp/en/typh/。

热带气旋实况和预报信息在页面表格中，在 <Analysis at HH UTC, DD MM> 和 <Forecast for HH UTC, DD MM> 下面的表格中分别列出热带气旋实况信息和预报信息，包括强度、中心点经度、纬度、移动方向、移动速度、中心气压、最大风速、最大阵风、30 KT 半径、50 KT 半径，如图 2-5 所示。

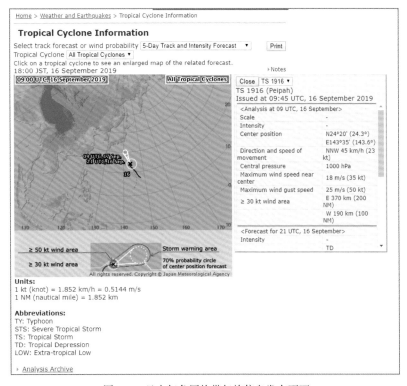

图 2-5   日本气象厅热带气旋信息发布页面

（资料来源：日本气象厅网站）

3）韩国气象厅（KMA）

韩国气象厅热带气旋发布地址为：http://web.kma.go.kr/chn/weather/typoon/typhoon_5days.jsp。

热带气旋实况和预报信息在页面表格列出，Analysis 和 Forecast 关键字标识的行表示热带气旋实况信息和预报信息，包括时间、位置、中心气压、最大风速、15 m/s 半径、强度、规模、移动方向、移动速度，如图 2–6 所示。

· **No.28 KAMMURI** Issued at(KST) : 2019.12.01. 04:00

日期(UTC)	位置		中心气压 (hPa)	最大风速 (m/s)		15 m/s 半径 (km)	强度	规模	移动方向	移动速度 (km/h)	70%概率的半径(km)
	Lat (N)	Lon (E)		m/s	km/h						
2019.11.30. 18:00 Analysis	13.3	132.7	960	39	140	360 (SW 270)	Strong	Medium	W	18	
2019.12.01. 06:00 Forecast	13.3	130.1	950	43	155	370 (SW 280)	Strong	Medium	W	23	48
2019.12.01. 18:00 Forecast	13.4	127.9	940	47	169	380 (SW 290)	Very Strong	Medium	W	20	110
2019.12.02. 06:00 Forecast	13.7	126.0	935	49	176	390 (SW 300)	Very Strong	Medium	W	17	140
2019.12.02. 18:00 Forecast	13.8	124.0	940	47	169	380 (SW 290)	Very Strong	Medium	W	18	170
2019.12.03. 18:00 Forecast	14.2	119.3	970	35	126	340 (SW 250)	Strong	Medium	W	21	260
2019.12.04. 18:00 Forecast	15.1	116.0	990	24	86	320 (S 230)	-	Medium	WNW	15	370
2019.12.05. 18:00 Forecast	13.1	114.2	1002	15	54				SW	12	

图 2–6 韩国气象厅热带气旋预报路径发布页面

（资料来源：韩国气象厅网站）

4）中国台湾地区交通部门气象局

热带气旋警报发布地址为：https://www.cwb.gov.tw/V7/prevent/typhoon/ty.htm?。

热带气旋实况和预报信息在页面表格列出，实况信息包括实况时间、中心位置、过去移动方向、过去移动速度、中心气压、近中心最大风速、瞬间最大风速、七级风圈半径、十级风圈半径，预报信息包括预报时间、移动方向、移动速度、中心位置、中心气压、近中心最大风速、瞬间最大风速、七级风圈半径、十级风圈半径，见图 2–7 所示。

5）联合台风预警中心

美国联合台风预警中心的热带气旋警报发布地址为：https://www.metoc.navy.mil/jtwc/jtwc.html?tropical。

以 1929 号为例，其预报信息发布地址为：https://www.metoc.navy.mil/jtwc/products/wp2919web.txt。

图 2–8 为西北太平洋区域热带气旋实况和预报地址，以文本报文形式出现，其中实况部分和预报部分分别以“Warning Position”和“Forecasts”关键字开头，包括实况位置、过去 6 小时移速、方向（只有实况才有）、最大风速、最大阵风风速、34 KT、50 KT、64 KT 风圈半径。

中度颱風　編號第28號
國際命名 KAMMURI 中文譯名 北冕

》現況

2019年12月01日02時
中心位置　北緯 13.40 度　東經 132.70 度
過去移動方向　西
過去移動時速　18 公里
中心氣壓　950 百帕
近中心最大風速 40 公尺/秒
瞬間之最大陣風 50 公尺/秒
七級風半徑150公里 十級風半徑50公里

》預測

預測 12 小時平均移向移速為
西 時速 24 公里
預測 12月01日14時
中心在 北緯 13.20 度 東經 130.10 度
中心氣壓　945 百帕
近中心最大風速 43 公尺/秒
瞬間之最大陣風 53 公尺/秒
七級風半徑180公里 十級風半徑60公里
70%機率半徑 50 公里
預測 12-24 小時平均移向移速為
西 時速 19 公里
預測 12月02日02時
中心在 北緯 13.30 度 東經 128.00 度
中心氣壓　930 百帕

图 2–7　中国台湾地区热带气旋预报页面

（资料来源：中国台湾地区交通部门气象局网站）

```
WTPN31 PGTW 302100
MSGID/GENADMIN/JOINT TYPHOON WRNCEN PEARL HARBOR HI//
SUBJ/TYPHOON 29W (KAMMURI) WARNING NR 021//
RMKS/
1. TYPHOON 29W (KAMMURI) WARNING NR 021
   01 ACTIVE TROPICAL CYCLONE IN NORTHWESTPAC
   MAX SUSTAINED WINDS BASED ON ONE-MINUTE AVERAGE
   WIND RADII VALID OVER OPEN WATER ONLY
    ---
   WARNING POSITION:
   301800Z --- NEAR 13.1N 132.7E
     MOVEMENT PAST SIX HOURS - 265 DEGREES AT 13 KTS
     POSITION ACCURATE TO WITHIN 045 NM
     POSITION BASED ON CENTER LOCATED BY SATELLITE
   PRESENT WIND DISTRIBUTION:
   MAX SUSTAINED WINDS - 065 KT, GUSTS 080 KT
   WIND RADII VALID OVER OPEN WATER ONLY
   RADIUS OF 064 KT WINDS - 045 NM NORTHEAST QUADRANT
                            020 NM SOUTHEAST QUADRANT
                            025 NM SOUTHWEST QUADRANT
                            050 NM NORTHWEST QUADRANT
   RADIUS OF 050 KT WINDS - 085 NM NORTHEAST QUADRANT
                            045 NM SOUTHEAST QUADRANT
                            050 NM SOUTHWEST QUADRANT
                            090 NM NORTHWEST QUADRANT
   RADIUS OF 034 KT WINDS - 155 NM NORTHEAST QUADRANT
                            090 NM SOUTHEAST QUADRANT
                            105 NM SOUTHWEST QUADRANT
                            165 NM NORTHWEST QUADRANT
   REPEAT POSIT: 13.1N 132.7E
    ---
   FORECASTS:
   12 HRS, VALID AT:
   010600Z --- 13.1N 130.3E
   MAX SUSTAINED WINDS - 075 KT, GUSTS 090 KT
   WIND RADII VALID OVER OPEN WATER ONLY
   RADIUS OF 064 KT WINDS - 040 NM NORTHEAST QUADRANT
                            020 NM SOUTHEAST QUADRANT
                            025 NM SOUTHWEST QUADRANT
                            045 NM NORTHWEST QUADRANT
   RADIUS OF 050 KT WINDS - 070 NM NORTHEAST QUADRANT
                            045 NM SOUTHEAST QUADRANT
                            050 NM SOUTHWEST QUADRANT
                            080 NM NORTHWEST QUADRANT
   RADIUS OF 034 KT WINDS - 170 NM NORTHEAST QUADRANT
                            110 NM SOUTHEAST QUADRANT
                            100 NM SOUTHWEST QUADRANT
                            170 NM NORTHWEST QUADRANT
   VECTOR TO 24 HR POSIT: 275 DEG/ 11 KTS
```

图 2–8　美国热带气旋警报报文页面

（资料来源：美国联合台风预警中心网站）

2.1.2.2　各预报机构发布的实况 / 预报产品

以欧洲中期天气预报中心、日本气象厅、韩国气象厅、中国中央气象台实况分析、预报为主，以及多家大学、科研机构发布的风切变、涡度、海温等预报产品图件为补充，再结合卫星遥感产品，为海洋气象预报提供参考依据。

1）日本气象厅实况图

天气实况分析产品（图件）发布地址：http://www.jma.go.jp/en/g3/。

日本气象厅制作发布的地面分析图件，在世界时 00 时、06 时、12 时、18 时各有 1 张，如图 2-9 ～ 图 2-11 所示。

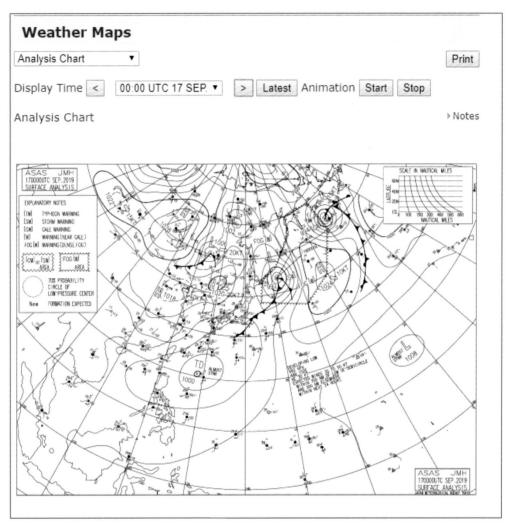

图 2-9　日本气象厅天气实况分析图

（资料来源：日本气象厅网站）

24 小时预报天气预报图发布地址：http://www.jma.go.jp/en/g3/wc24h.html。

日本气象厅制作发布的天气预报图件，在世界时 00 时和 12 时各有 1 张。

48 小时预报天气预报图发布地址：http://www.jma.go.jp/en/g3/wc48h.html。

日本气象厅制作发布的天气预报图件，在世界时 00 时和 12 时各有 1 张。

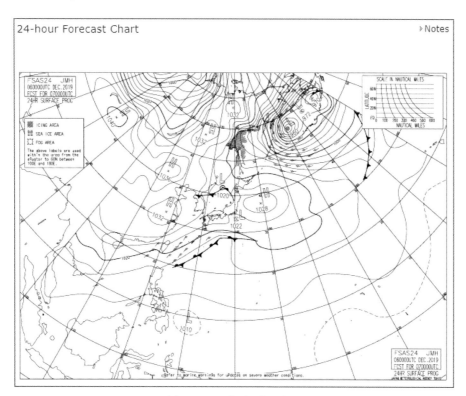

图 2-10　24小时天气预报图

（资料来源：日本气象厅网站）

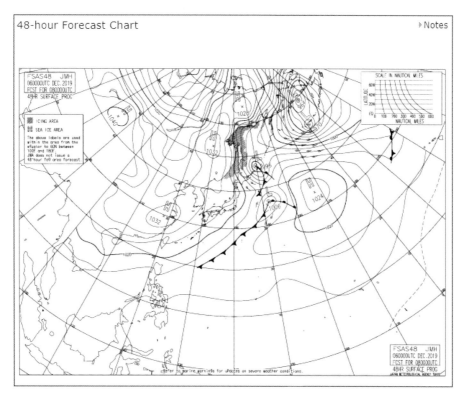

图 2-11　48小时天气预报图

（资料来源：日本气象厅网站）

海浪实况图发布地址：

http://www.jma.go.jp/jmh/awpn_00_1.html。

http://www.jma.go.jp/jmh/awpn_12_1.html。

日本气象厅制作发布的海浪分析图件，在世界时00时和12时各有1张（图2-12）。

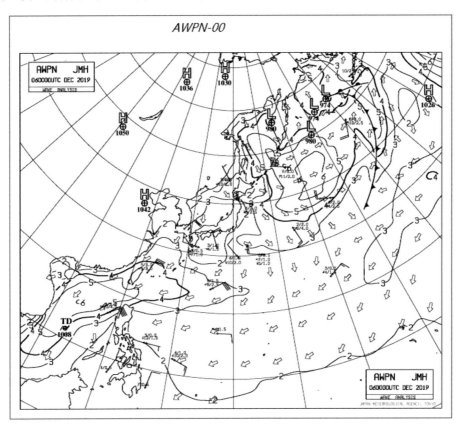

图2-12 00时的外洋海浪实况图

（资料来源：日本气象厅）

海浪预报图发布地址：

24小时预报图发布地址：

http://www.jma.go.jp/jmh/fwpn_00_1.html。

日本气象厅制作发布的海浪预报图件，在世界时00时和12时各有1张（图2-13）。

http://www.jma.go.jp/jmh/fwpn_12_1.html。

12小时、24小时、48小时、72小时预报图发布地址：

http://www.jma.go.jp/jmh/fwpn07_00_1.html。

日本气象厅制作发布的海浪预报图件，世界时00时起报的12小时、24小时、48小时、72小时预报图各1张（图2-14）。

http://www.jma.go.jp/jmh/fwpn07_12_1.html。

日本气象厅制作发布的海浪预报图件，世界时12时起报的12小时、24小时、48小时、72小时预报图各1张。

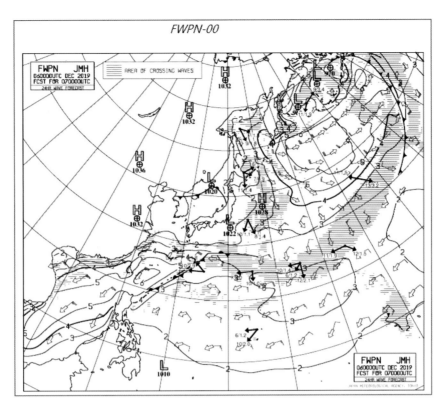

图 2-13　00时起报的外洋海浪24小时预报图

（资料来源：日本气象厅）

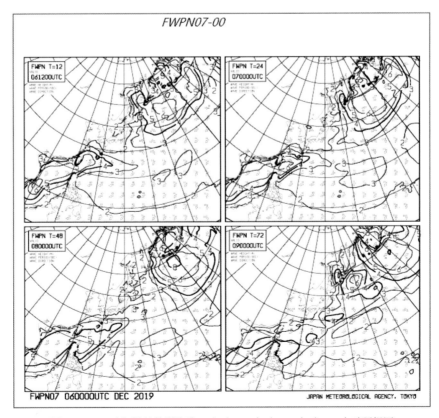

图 2-14　00时起报的外洋海浪12小时、24小时、48小时、72小时预报图

（资料来源：日本气象厅）

2）韩国气象厅发布的实况及预报产品

地面实况分析图发布地址：http://web.kma.go.kr/chn/weather/images/analysischart.jsp。

韩国气象厅制作发布的地面实况分析图件，每隔 3 个小时发布 1 张。图 2-15 是 2019 年 12 月 6 日 12 时（UIC）发布的地面实况分析图。

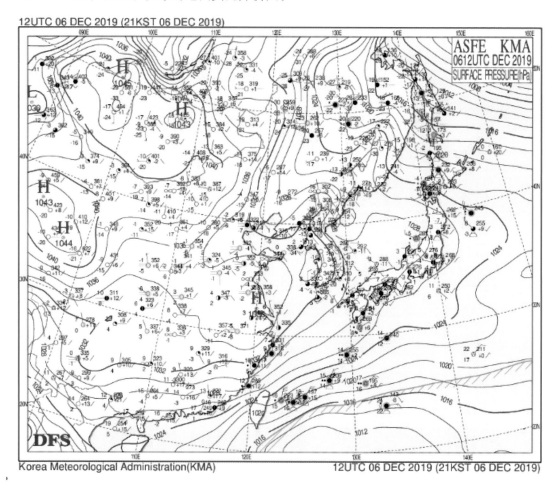

图 2-15　地面实况分析天气图

（资料来源：韩国气象厅）

陆地预测天气图发布地址：

http://web.kma.go.kr/chn/weather/images/forecastchart.jsp。

韩国气象厅制作发布的陆地预测天气图件，每隔 6 个小时制作发布 1 次，如图 2-16 所示。

3）欧洲中期天气预报中心发布的预报产品

常用的预报产品为海平面气压和 850 hPa 风速预报图，其产品发布地址：

https://www.ecmwf.int/en/forecasts/charts/catalogue/medium-mslp-wind850?facets=Range,Medium%20(15%20days)&time=2019091612,0,2019091612&projection=classical_south_east_asia_and_indonesia。

海平面气压和 850 hPa 风速预报图，如图 2-17 所示。

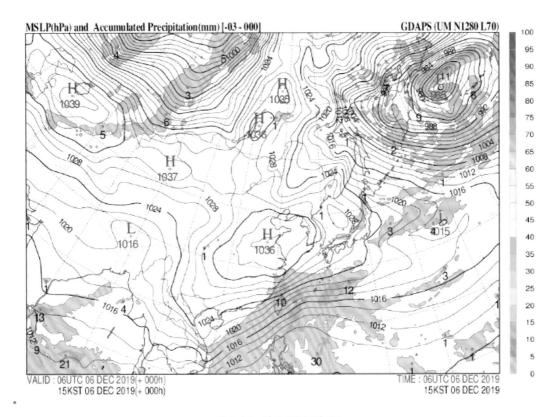

图 2-16　陆地预测天气图

（资料来源：韩国气象厅）

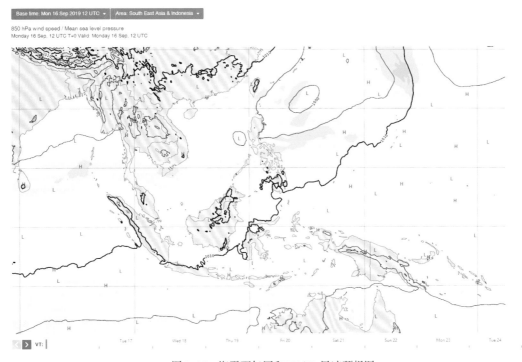

图 2-17　海平面气压和850 hPa风速预报图

（资料来源：欧洲中期天气预报中心）

4）中央气象台发布的实况产品

中央气象台的实况产品，包括地面、850 hPa、700 hPa、500 hPa 天气分析图，发布地址如下：

　　http://www.nmc.cn/publish/observations/china/dm/weatherchart–h000.htm；

　　http://www.nmc.cn/publish/observations/china/dm/weatherchart–h850.htm；

　　http://www.nmc.cn/publish/observations/china/dm/weatherchart–h700.htm；

　　http://www.nmc.cn/publish/observations/china/dm/weatherchart–h500.htm。

地面实况分析图如图 2-18 所示。

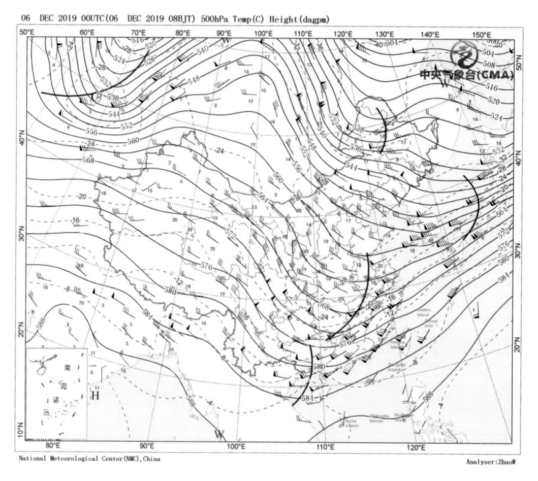

图 2-18　地面实况分析图

（资料来源：中国中央气象台）

5）其他参考资料

海表潜热产品发布地址：

　　http://rammb.cira.colostate.edu/products/tc_realtime/products/storms/2019WP15/OHCNFCST/2019WP15_OHCNFCST_201909060000.GIF。

海表潜热产品如图 2-19 所示。

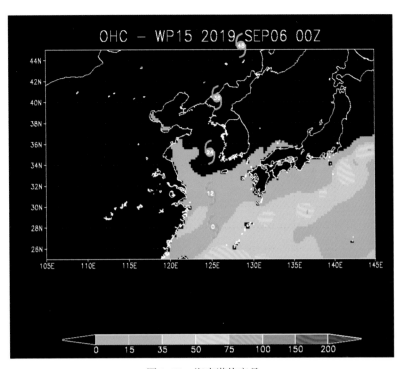

图 2-19　海表潜热产品

（资料来源：美国科罗拉多州立大学）

风切变、高层辐散、低层幅合、涡度等产品发布地址：

http://tropic.ssec.wisc.edu/real-time/windmain.php?&basin=westpac&sat=wgms&prod=wxc&zoom=&time= ；

http://tropic.ssec.wisc.edu/real-time/windmain.php?&basin=westpac&sat=wgms&prod=dvg&zoom=&time= ；

http://tropic.ssec.wisc.edu/real-time/windmain.php?&basin=westpac&sat=wgms&prod=conv&zoom=&time= ；

http://tropic.ssec.wisc.edu/real-time/windmain.php?&basin=westpac&sat=wgms&prod=vor&zoom=&time=。

以上各产品图如图 2-20 ～图 2-23 所示。

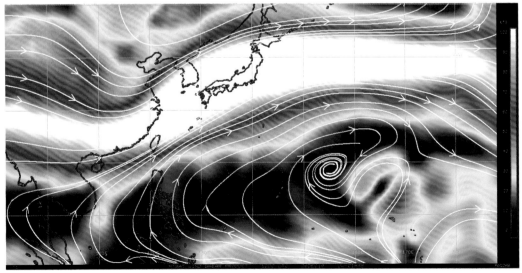

图 2-20　风切变产品

（资料来源：威斯康辛麦迪逊空间科学与工程中心）

图 2-21　高层辐散产品

（资料来源：威斯康辛麦迪逊空间科学与工程中心）

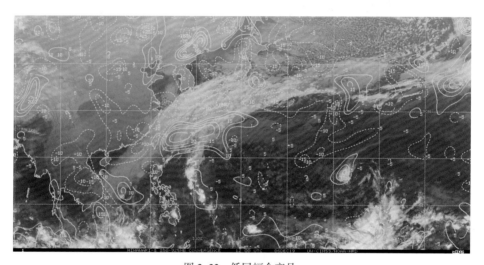

图 2-22　低层辐合产品

（资料来源：威斯康辛麦迪逊空间科学与工程中心）

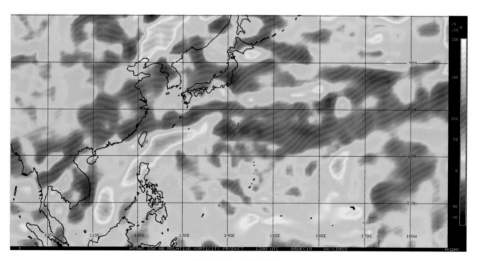

图 2-23　涡度产品

（资料来源：威斯康辛麦迪逊空间科学与工程中心）

2.1.2.3 卫星遥感产品

总结了各机构发布的卫星云图产品的发布地址、页面及其主要内容，涉及风云卫星、"向日葵 - 8"号卫星以及其他气象卫星的产品。

1）风云卫星产品

中央气象台发布的"风云四"号卫星真彩色、红外、可见光、水汽云图（图 2-24），"风云二"号卫星可见光、增强、黑白、红外云图（图 2-25）。

http://www.nmc.cn/publish/satellite/FY4A-true-color.htm；

http://www.nmc.cn/publish/satellite/FY4A-infrared.htm；

http://www.nmc.cn/publish/satellite/FY4A-visible.htm；

http://www.nmc.cn/publish/satellite/FY4A-water-vapour.htm；

http://www.nmc.cn/publish/satellite/fy2evisible.html；

http://www.nmc.cn/publish/satellite/fy2e/water_vapor.html；

http://www.nmc.cn/publish/satellite/fy2e_bawhite/visible_light.html；

http://www.nmc.cn/publish/satellite/China_Northwest_Pacific_Ocean.html。

图2-24 "风云二"号卫星彩色圆盘图

（资料来源：中国中央气象台）

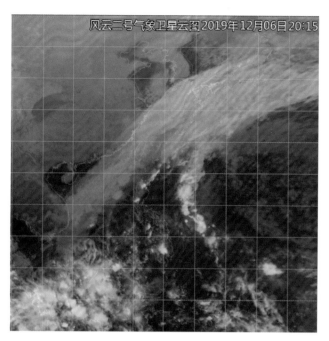

图 2-25 "风云二"号卫星云图

（资料来源：中国中央气象台）

2）"向日葵 – 8"号卫星

"向日葵 – 8"号卫星遥感产品的即时网页如下：

http://himawari8.nict.go.jp。

该网页发布最新的"向日葵 – 8"号卫星的产品，更新频率为 10 分钟。

更多的卫星遥感产品（如可见光、红外、水汽、真彩色等），可从如下网址访问：

https://www.jma.go.jp/bosai/map.html#contents=himawari&lang=en。

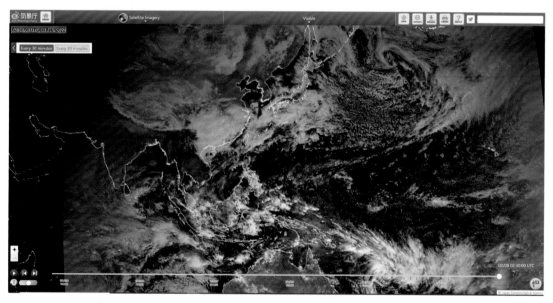

图 2-26 "向日葵– 8"号卫星云图可见光产品

（资料来源：日本气象厅）

3）ASCAT 产品

METOP-A、METOP-B、METOP-C 卫星风矢量产品发布地址：

https://manati.star.nesdis.noaa.gov/datasets/ASCATData.php；

https://manati.star.nesdis.noaa.gov/datasets/ASCATBData.php；

https://manati.star.nesdis.noaa.gov/datasets/ASCATCData.php。

METOP-A 卫星风矢量上行通道、下行通道如图 2-27 和图 2-28 所示。

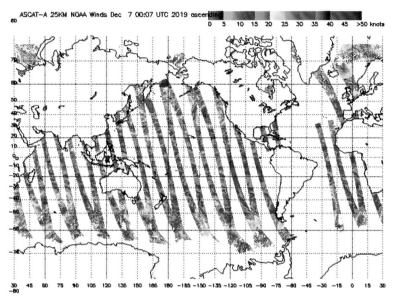

图 2-27　METOP-A卫星风矢量产品

（上行通道，资料来源：美国国家海洋大气局国家环境卫星数据和信息服务中心卫星应用研究中心）

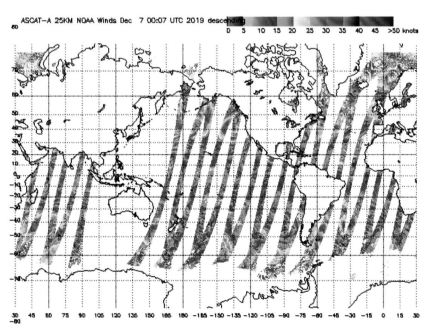

图 2-28　METOP-A卫星风矢量产品

（下行通道，资料来源：美国国家海洋大气局国家环境卫星数据和信息服务中心卫星应用研究中心）

4）卫星散射计产品

SCATSAT 卫星风矢量产品发布地址：https://manati.star.nesdis.noaa.gov/datasets/SSCATData.php。

SCATSAT 卫星风矢量上行通道、下行通道如图 2-29 和图 2-30 所示。

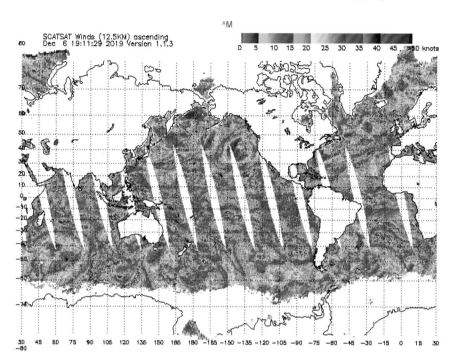

图 2-29　SCATSAT卫星风矢量产品

（上行通道，资料来源：美国国家海洋大气局国家环境卫星数据和信息服务中心卫星应用研究中心）

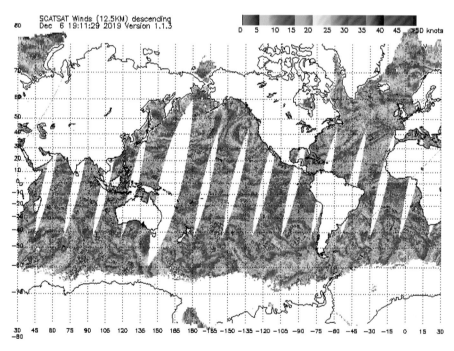

图 2-30　SCATSAT卫星风矢量产品

（下行通道，资料来源：美国国家海洋大气局国家环境卫星数据和信息服务中心卫星应用研究中心）

5）卫星高度计产品

卫星高度计反演的海浪有效波高产品发布地址：https://manati.star.nesdis.noaa.gov/datasets/ SGWHData.php。

图 2-31 为卫星有效波高图。

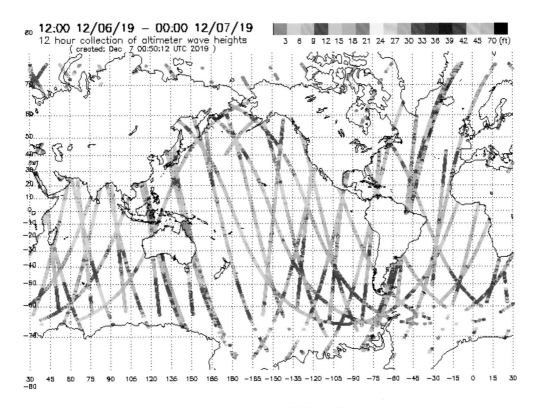

图 2-31 卫星有效波高产品

（资料来源：美国国家海洋大气局国家环境卫星数据和信息服务中心卫星应用研究中心）

2.1.3 数值预报资料

数值预报产品作为海洋气象预报的重要参考依据，在日常预报、警报中常用的包括大气模式、海浪模式和环流模式产品。

2.1.3.1 大气数值模式

国家海洋环境预报中心的西北太平洋区域大气模式、欧洲中期天气预报中心的细网格风场预报产品，包括海面风、海平面气压、位势高度等多个预报要素。

国家海洋环境预报中心风场数值预报模式的数值预报产品每天输出两次，空间分辨率为 0.1°，预报时间为 5 天，其数据格式为 NetCDF 文件。

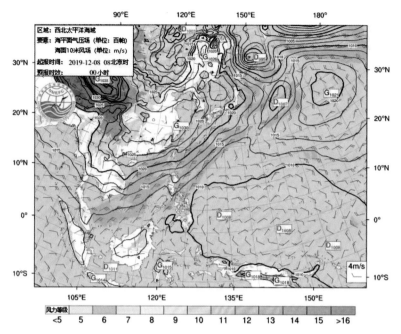

图 2-32　国家海洋环境预报中心（西北太平洋海域）风场数值预报产品

2.1.3.2　海浪数值模式

国家海洋环境预报中心的西北太平洋区域海浪模式、欧洲中期天气预报中心的细网格海浪预报产品，包括有效波高、平均波向、波周期等预报要素。

其中，国家海洋环境预报中心西北太平洋区域海浪模式的数值预报产品每天输出 1 次（图 2-33），空间分辨率为 0.05°，预报时间为 5 天，其数据格式为 NetCDF 文件。

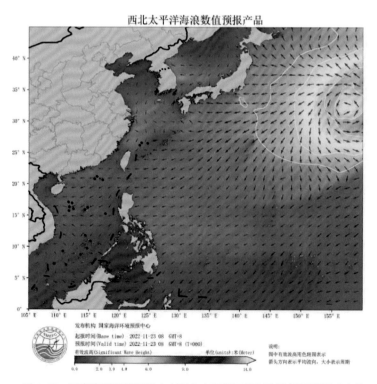

图 2-33　国家海洋环境预报中心西北太平洋区域海浪数值预报模式产品

2.1.3.3 环流数值模式

国家海洋环境预报中心西北太平洋区域海浪模式的数值预报产品每天输出 1 次（图 2-34），空间分辨率为 0.05°，预报时间为 5 天，预报要素为海温、海流、盐度，其数据格式为 NetCDF 文件。

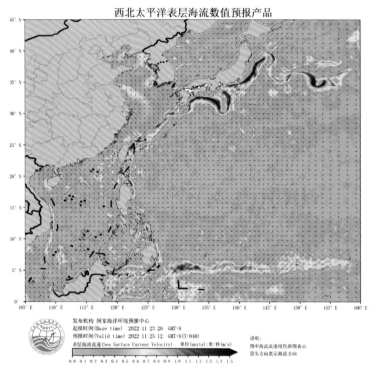

图 2-34　国家海洋环境预报中心西北太平洋区域环流数值预报模式产品

2.2　预报综合分析需求

预报人员要对观测实况充分掌握，并参考数值预报结果和各机构预报结果，经过综合分析判断，制作预报图、警报图。因此，预报分析需要细化为观测数据展示、数据预报展示、参考资料展示和人机交互制图。

2.2.1　观测数据展示

2.2.1.1　观测数据填图

针对观测站（海洋站、浮标等）获取的海洋气象数据，按照地面填图规范标绘展示，便于预报员了解掌握不同时刻的海上实况观测分布情况。

2.1.1.2　观测站时间序列检索

针对海洋站、浮标站进行观测要素时间序列检索，查询观测要素随时间的变化情况。

2.1.1.3 对比分析

对比分析根据预报需求延伸出多种具体方式，常用的包括同一观测站相同观测时间内不同观测要素的对比展示；相同观测要素在同一段时间内在不同海洋站观测的对比展示。

2.1.1.4 统计分析

查询在一段观测时间内观测要素的最大值、最小值、均值，以及历史月、旬、周该要素的最大值、最小值、均值情况，以风、浪玫瑰图等方式展示。

2.2.2 数值预报展示

2.1.2.1 可视化展示

数值预报结果在地图上的绘制展示，包括矢量要素展示和标量要素展示，标量要素如海温等主要展示色斑图、等值线，矢量要素除了展示色斑图、等值线外，还有波向、风向等展示。

2.1.2.2 要素叠加展示

支持两种要素对比叠加展示，如风、气压，风、浪等，预报员可以选择需对比的要素，自定义在地图上叠加，辅助开展预报综合分析。不同机构数值预报产品叠加对比展示。

2.1.2.3 数值场分析

数值预报结果除了空间还包括时间维度，在预报分析过程中统计在一定时间内要素的最大值集合，如24小时、48小时、72小时的要素的最大值、平均值情况，并基于地图展示，以供预报员分析。

2.1.2.4 单点时间序列

针对单点提供时间序列数值预报结果的查询、展示，同时，支持最大值、最小值及其出现时间、均值的统计、展示。

2.1.2.5 轮播展示

数值预报结果在地图上按时间序列播放展示，便于预报人员了解数值结果的在时间及空间范围的变化。

2.2.3 参考资料展示

按发布机构、图件名称、时间等条件查询检索各家预报机构发布的参考图件类产品，并通过多种方式展示，包括单图展示、邮票图展示、多家机构的同类图件产品的对比、多图播放等。

2.2.4 人机交互制图

预报分析的结果需要制图输出，以国家海洋环境预报中心为例，这些综合分析图件一般包括海浪实况分析图、海浪预报图、海浪警报图、风暴潮天文大潮分布图、实况分析图、风暴潮警报图、海上大风预报图、海上大风警报图、海冰实况图、海冰预报图、海冰警报图等。

原有制图一般是基于 ArcView 或者 ArcGIS 之类的软件开展的，该类软件虽然功能强大，但是在绘制图上对于预报人员来说操作较为繁琐，通常需要包括创建点、线、面要素数据文件；打开编辑模式，进行点、线、面图层的分别绘制；录入属性、保存编辑、点线面图层的符号化、地图整饰、结果输出等一系列操作，才能完成。虽然可以通过保存模板方式简化部分操作，但是仍然操作繁琐，导致制图效率低，影响预报作业。

在制图中重点关注的三个方面，一是绘图操作流程是否简单、易于操作；二是符号是否齐全、操作便捷；三是保存输出是否方便。

在绘图操作上，考虑将数据管理和绘图流程合并简化，内置默认的点、线、面及文字标注层，不需要手动创建，绘图时用户可以直接通过符号库选择符号，直接绘制在系统地图上，系统统一管理并映射到对应默认图层上，不需要人工进行干预和调整，进一步简化操作。

制作一套可以配置的海洋预报符号库，分为点、线、面、文字标注 4 类。其中，点符号包括海浪、高压、低压、大于号、小于号、风羽、数字以及自定义点等；线符号包括波高等值线、大风等值线、热带气旋路径、冷锋、暖锋、静止锋、海冰外缘线、自定义线等；面符号包括海浪警报落区、风暴潮岸段警报落区、大风警报落区、海冰警报落区、自定义面等。文字标注包括海浪预报、海浪警报标题、发布单位、发布时间、自定义文字说明等。这 4 类符号均包括对经纬度位置、内置属性的编辑、调整；对点符号还包括对点大小、方位的调整；对线符号的线样式、宽度，面符号叠放顺序、外缘线样式的调整。

绘制完毕支持结果保存、加载，输出时候支持自定义区域截图、输出矢量文件等，以便对接不同的下游系统的数据需求。

2.3 产品制作与管理的需求

产品制作是标准化输出的过程，将预报信息以固定格式形成最终产品。产品生产后对接下游环节，进行共享、发布和管理。具体分为格式化输入、多格式输出、历史查询、自动化发送数据共享。

2.3.1 格式化输入

在海洋预警报产品是图文混排产品，文字部分由预报人员的综合分析结论为主，图件由预警报图组成。定点预报产品以表格化的预报单组成，包括总体分析、警报提示、预报主体表格、预报要素曲线图组成。

上述产品中包括大量的文字描述，为了减少人工录入强度、降低出错概率、提高工作效率，根据不同预报业务总结归纳，提炼常用的文本段落，词条化处理，并通过结构化参数固定，将结构化参数与趋势描述、预报提示、预报要素等级、方位、要素间关系计算、预报地点等建立映射关系，自动生成文字描述，规范化输出预报结论。

2.3.2 多格式输出

制作完成的海洋预警报产品为了对外发布，需要输出多种格式、形式的产品，通常包括Word、WPS、纯文本、XML、矢量文件、彩色图件、黑白图件等多种文件，还有中英文产品的要求。这些不同格式产品的生产或者转换，在没有信息系统辅助的时候，是通过预报人员借助不同的软件完成，该部分重复性的工作会占用大量时间，因此，迫切需要通过系统方式辅助完成，减少预报员工作强度，更好地聚焦预报分析工作。

2.3.3 历史查询

海洋环境、预警报产品制作并发布后，需将每日生产的预报数据、产品进行存储管理。历史的预警报产品主要用于预报检验和预报产品统计。原有海洋环境预警报产品主要以文件形式保存，该种方式其实不利于预报检验，因此，在系统建设中需要考虑不仅仅保存文件形式，还要保存预报数据，以便后续根据实况资料进行预报检验，评估预报准确性。

2.3.4 自动化发送

海洋环境预警报产品制作完成之后，需通过发送系统对外发送，常用的发送方式包括传真、邮件、FTP、短信、彩信等。同时，通常大面预警报产品一般采用批量方式发送，而专项服务产品用户会对产品推送有明确的细节要求，接收地址需要匹配不同预报点的不同类型的预报产品文件，产品发送的粒度控制要求较高。此外，在发送部分需要能支持较为灵活的配置，以适应发送用户、渠道的调整。在没有信息系统支撑的时候，上述工作均为预报员人工完成，需要占用大量时间，耗费大量精力，发送出错的情况也不可避免。

2.3.5 数据共享

随着预警报业务发展，越来越多的外部系统需要预警报信息和产品，原始的预警报产品以文件形式存在，提取预报数据困难，且不能实现及时预报信息共享。因此，迫切需要以系统方式支持数据共享，在预报业务系统建设时要考虑未来的数据共享和交换。

如针对警报产品的信息共享，一般包括警报要素、警报编号、警报发布单位、警报发布时间、警报等级、警报内容、影响海域、警报图件等。

对于定点预报类产品的信息共享，一般包括预报位置、起报时间、产品编号、发布单位、发布时间、预报要素及其变化情况等。

第3章 系统设计

3.1 系统流程

根据海洋预报业务流程和需求分析,结合具体各要素预报特点,依次梳理出海浪、风暴潮、海冰、热带气旋、海上大风、海洋环境等系统的核心流程和具体功能需求,为后续业务平台系统建设奠定基础。

3.1.1 系统总体流程

海洋预报业务化平台系统,按照流程划分为多来源预报数据采集、处理阶段和交互式预报分析/产品制作两大部分,其中第一部分又可划分为多来源数据资料、数据预处理、数据存储与管理3个子部分,第二部分又可划分为数据资料展示与检索、综合分析与交互制图、预警报产品制作3个子部分(见图3-1)。

多来源数据资料及数据预处理是对用于海洋预报业务开展的海洋气象实时观测数据、数值预报产品、卫星遥感产品以及互联网发布的各预报机构的产品资料、海洋历史观测资料的同步、采集、解析、解码处理和加工计算。

数据存储与管理是对加工之后数据进行标准化、生成、存储和管理,并制作元数据,形成一套用于日常海洋预警报业务的标准化数据库或者数据集(依据数据存储方式不同有所区别),统一存储管理,以方便后续应用。

数据资料展示与检索是依托客户端软件,提供多来源资料的查询检索,并通过地图、表格、时序曲线、图件播放、叠加对比等多种方式和手段,为预报人员提供数据的展示及分析手段。

综合分析与交互制图是在数据分析的基础上,预报人员通过系统提供人机交互式制图功能,应用海洋气象符号库、辅助工具,开展综合研判分析,制作各类预报、警报图。

预警报产品制作是基于海洋预报业务,在系统支持下,借助辅助工具和交互界面完成具体的预报产品制作、输出,并与产品发送系统对接。

在上述系统总体流程的基础上,各分系统将按照各要素预报的特点,梳理各子系统流程,并提炼具体功能场景和功能点。

3.1.2 分系统流程

系统按照具体预报业务划分,包括海浪、风暴潮、海冰、热带气旋、海上大风和海洋环境预报等。

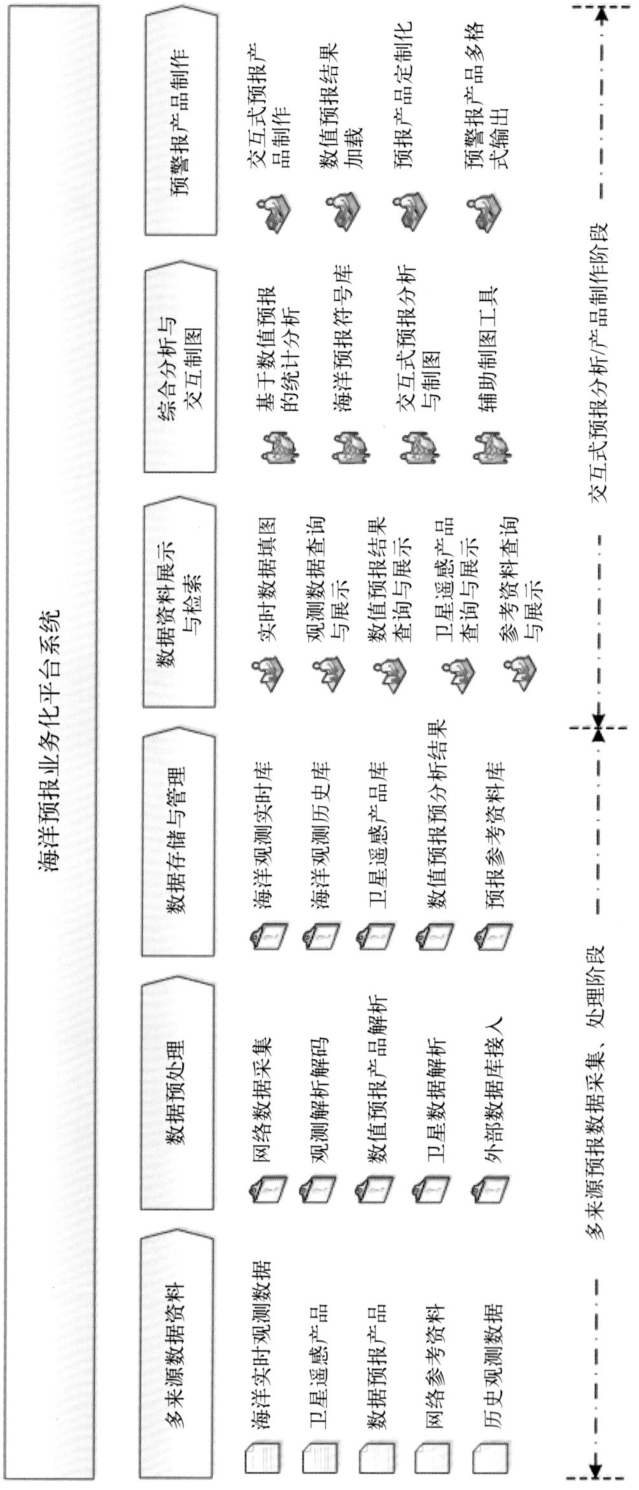

海洋预报业务化平台系统

多来源数据资料	数据预处理	数据存储与管理	数据资料展示与检索	综合分析与交互制图	预报产品制作
海洋实时观测数据	网络数据采集	海洋观测实时库	实时数据填图	基于数值预报的统计分析	交互式预报产品制作
卫星遥感产品	观测解析解码	海洋观测历史库	观测数据查询与展示	海洋预报符号库	数值预报结果加载
数据预报产品	数值预报产品解析	卫星遥感产品库	数值预报结果查询与展示	交互式预报分析与制图	预报产品定制化
网络参考资料	卫星数据解析	数值预报预分析结果	卫星遥感产品查询与展示	辅助制图工具	预警报产品多格式输出
历史观测数据	外部数据库接入	预报参考资料库	参考资料查询与展示		

多来源预报数据采集、处理阶段   交互式预报分析产品制作阶段

图3-1 系统总体流程

3.1.2.1　海浪预报子系统

围绕海浪预报业务，合理确定建设范围，梳理出海浪预报子系统的流程和功能范围，其流程如图 3-2 所示。

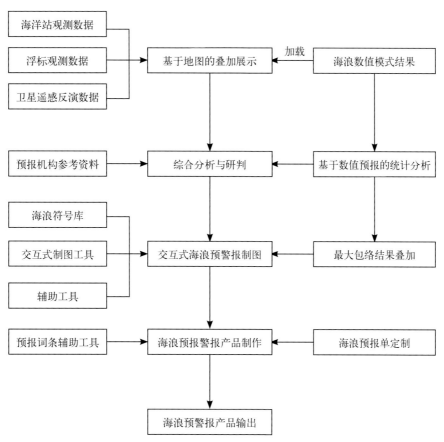

图3-2　海浪预报子系统流程

（1）系统加载、展示地图；

（2）系统加载海洋站、浮标，填图显示气象及海浪观测要素；

（3）交互式查询海洋站、浮标的实况观测资料，展示时间序列曲线；

（4）查询海洋站、浮标的历史观测和年、季度、月、旬的统计结果；

（5）查询、展示地面天气图、海浪实况图、海浪预报图；

（6）加载、展示海浪数值预报模式输出结果；

（7）加载、展示指定时间段的海浪波高最大包络结果；

（8）交互式波高等值线绘制、编辑、修改功能；

（9）交互式绘制海浪预报符号、图例信息，制作预报图、警报图功能；

（10）海浪预报、警报图输出，输出各类格式的产品；

（11）常用的地图工具，如放大、缩小、漫游、测量、鹰眼图等功能；

（12）海浪警报产品模板定制功能；

（13）交互式海浪警报单制作功能，包括综合分析结果录入、警报图件加载等；

（14）对接预报产品发送系统。

3.1.2.2 风暴潮预报子系统

围绕风暴潮警报业务，合理确定建设范围，梳理出风暴潮预报子系统的流程和功能范围，其流程如图3-3所示。

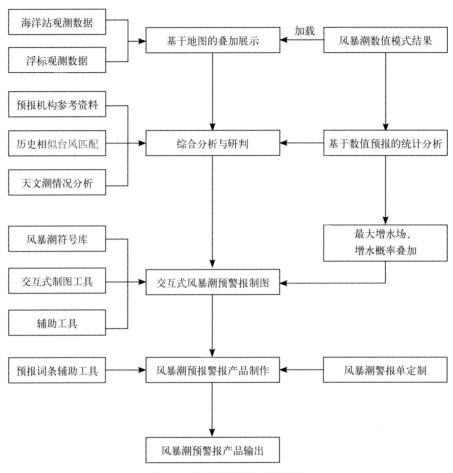

图3-3 风暴潮预报子系统流程

（1）系统加载、展示地图；

（2）系统加载海洋站、浮标，显示潮位、风要素数据；

（3）系统调用、加载实时台风路径信息（台风中心气压、风圈半径、预报路径等）；

（4）台风相似性分析，以选中的样本，在历史台风路径样本库中查找匹配与其强度、路径相似的热带气旋，系统加载、展示匹配结果；

（5）查询海洋站实况、历史潮位数据，显示实测潮位、天文潮、增水以及站点的警戒潮位；

（6）叠加、展示风暴潮数值模式结果叠加及增水场；

（7）查询、展示欧洲中心天气图、日本天气图、韩国天气图等；

（8）交互式风暴潮增水场绘制、编辑、修改功能，制作风暴潮警报图、实况图、天文大潮分布图；

（9）风暴潮警报图输出，输出各类格式的产品；

（10）常用的地图工具，如放大、缩小、漫游、测量、鹰眼图等功能；

（11）风暴潮警报产品模板定制功能；

（12）交互式风暴潮警报单制作功能，包括警报结论录入、警报图件加载等；

（13）对接预报产品发送系统。

3.1.2.3 海冰预报子系统

围绕海冰预报业务，合理确定建设范围，梳理出海冰预报子系统的流程和功能范围，其流程如图 3-4 所示。

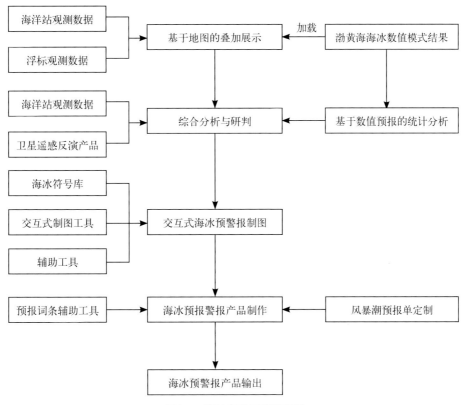

图3-4　海冰预报子系统流程

（1）系统加载、展示地图；

（2）查询、展示海洋站观测数据，包括海冰、海温、盐度、风、气温等；

（3）查询、显示雷达观测产品；

（4）查询、显示海冰遥感反演产品，包括 MODIS、SAR 等反演产品数据；

（5）叠加、展示海冰数值模式输出结果；

（6）交互式海冰预报、警报符号绘制、编辑、修改功能；

（7）海冰预报、警报图输出，输出各类格式的产品

（8）常用的地图工具，如放大、缩小、漫游、测量、鹰眼图等功能；

（9）海冰预报产品模板定制功能；

（10）交互式海冰警报单制作功能，包括警报结论录入、警报图件加载等；

（11）对接预报产品发送系统。

3.1.2.4 热带气旋警报子系统

围绕热带气旋预报业务，合理确定建设范围，梳理出热带气旋警报子系统的流程和功能范围，其流程如图3-5所示。

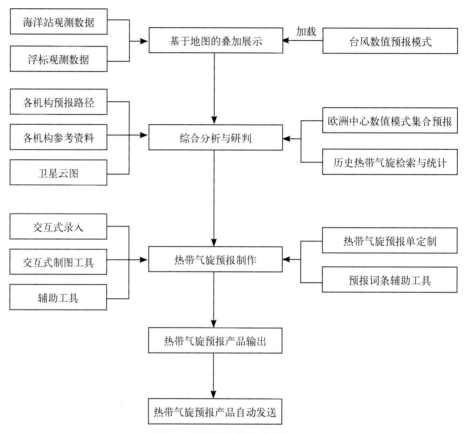

图3-5　热带气旋警报子系统流程

（1）查询、展示各预报机构发布的热带气旋信息（台风强度、台风中心、历史路径、风圈半径、风级）；

（2）叠加展示热带气旋实况路径及预报路径；

（3）基于多种条件的热带气旋路径查询功能；

（4）基于多种匹配方式的热带气旋相似性查询功能；

（5）查询、展示、叠加卫星云图功能；

（6）热带气旋警报产品模板定制功能；

（7）人机交互式热带气旋警报单制作功能，支持实况路径录入，预报路径自动加载、交互修订、预览；

（8）热带气旋产品输出，输出各种格式文件；

（9）热带气旋警报误差统计与分析；

（10）面向用户的热带气旋警报产品发送。

3.1.2.5　海上大风预报子系统

围绕海上大风预报业务，合理确定建设范围，梳理出海上大风预报子系统的流程和功能范围，其流程如图 3-6 所示。

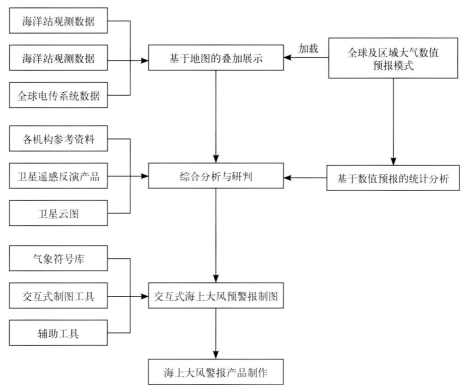

图3-6　海上大风预报子系统流程

（1）系统加载、展示地图；

（2）系统加载海洋站、浮标，填图显示气象观测要素；

（3）交互式查询海洋站、浮标的实况观测资料，展示气象要素时间序列曲线；

（4）查询、展示各预报机构的天气图；

（5）查询、展示卫星云图资料；

（6）叠加、展示风场数值模式输出结果；

（7）加载、展示指定时间段的风场 6 级、8 级、10 级风的最大包络结果；

（8）交互式海上大风落区绘制、编辑、修改；

（9）海上大风预报、警报图输出，输出各种格式文件；

（10）人机交互式海上大风预报、警报单制作功能；

（11）对接预报产品发送系统。

3.1.2.6 专项预报服务子系统

围绕海洋环境预报业务，合理确定建设范围，梳理出专项服务预报子系统的流程和功能范围，其流程如图 3-7 所示。

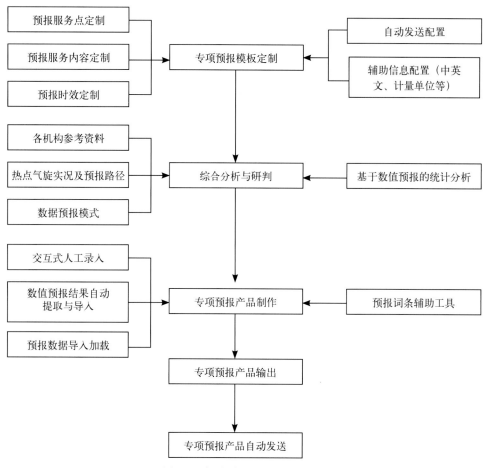

图3-7 专项预报服务子系统流程

（1）专项预报服务模板定制，通过配置方式对服务用户及其所属的具体服务地点进行配置，包括保障位置、预报服务内容、预报要素、预报时效以及产品套用的模板、计量单位、产品发送方式等；

（2）系统加载各预报机构预报产品、数值预报结果以便预报员综合分析天气形势及各要素变化趋势；

（3）系统加载保障目标附近的海洋站、浮标资料、数值预报结果以供预报员参考；

（4）提供人机交互工具辅助预报员开展专项预报服务产品制作，包括数据提取工具、数据加载导入工具、预报词条化工具等；

（5）提供批量制作与产品自动化生成、输出多种文件格式的产品；

（6）按照发送配置，自动通过 FTP、邮件、传真等方式批量打包发送专项预报服务产品；

（7）提供历史产品的查询、统计功能。

3.1.2.7 海洋环境预报子系统

围绕海洋环境预报业务，合理确定建设范围，梳理出海洋环境预报子系统的流程和功能范围，其流程如图 3-8 所示。

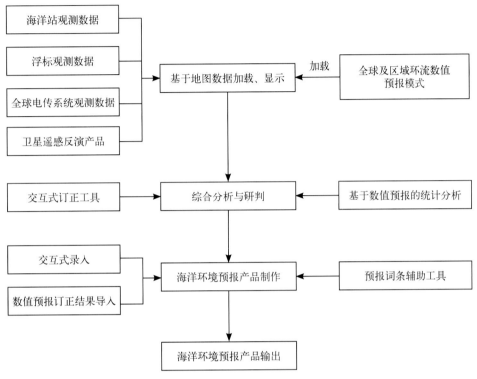

图3-8 海洋环境预报子系统流程

（1）系统加载、展示地图；

（2）系统加载海洋站、浮标、全球电传系统观测数据，显示气象观测要素；

（3）加载全球及区域环流数值预报模式结果、加载卫星遥感反演产品；

（4）加载数值预报统计分析结果，提供交互式数值预报订正工具；

（5）支持海洋环境预报产品制作，包括交互式录入、数据导入以及预报词条辅助工具；

（6）海洋环境预报产品输出，输出各种格式文件。

3.2 平台框架设计

海洋预报业务化平台分服务端、客户端两部分建设，两者之间通过数据服务连接。服务端部分主要负责数据采集、数据处理、标准化、存储和管理等。客户端部分是预报人员使用的客户端软件系统，包括数据资料查询检索、信息可视化、综合分析、人机交互式绘图、产品制作与发布。

平台框架设计见图 3-9 所示。

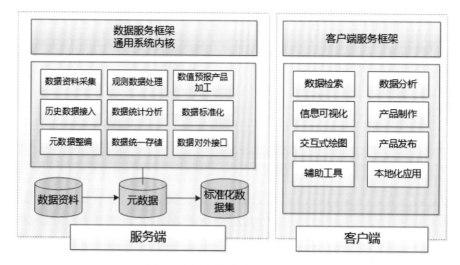

图3-9 平台框架设计图（简化图）

业务化海洋预报平台不仅在国家海洋环境预报中心应用，还部署到省、中心站级预报机构。具体包括如下步骤，部署如图3-10所示。

（1）国家海洋环境预报中心统一负责互联网资料的采集、加工处理，并进行数据资料、数值预报产品等的分发；

（2）省级预报机构应用平台提供的配套数据处理系统进行本地化处理；

（3）省级预报机构负责自行将自建的观测数据按标准化处理，接入系统平台；

（4）国家海洋环境预报中心提供系统平台客户端软件，各级预报机构可以此为基础，按照本地业务需求，在系统框架下进行自定义扩展、集成。

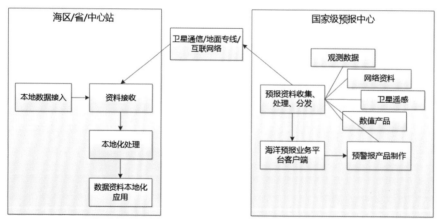

图3-10 系统部署图

3.3 系统结构设计

海洋预报业务系统平台结构分为客户端和服务端两部分。服务端负责资料、产品、数据处理和管理。客户端在灵活可定制扩展框架下，各级预报机构依据具体预报业务应用进行二次开发，实现数据接收、资料可视化、预报分析和产品制作的本地化（图3-11）。

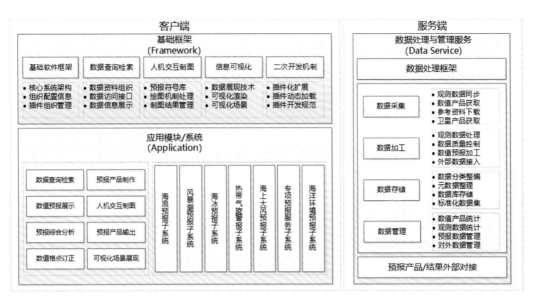

图 3-11　系统结构图

3.3.1　服务端体系结构

开发数据处理、调度、分发软件框架，服务端的数据同步、数据和应用等均在框架下研制，该框架支持功能模块的自定义扩展与插件化集成。

研发各类数据处理功能模块，包括数据获取、数据预处理、数据生成、数据存储等一系列步骤。上述处理过程以单独的插件或者插件组合方式存储，便于后续的修改完善与扩展。

（1）数据获取。完成观测资料、数值产品、卫星遥感、网络资源的获取，由于涉及数据资料多、情况复杂，具体处理中每类数据均单独处理。

（2）数据加工。针对数据获取结果，按类别开展数据加工处理，例如，数据解析、数据解码、信息抽取，并开展数据质量控制。

（3）数据存储。针对不同数据及其应用特点，合理设计存储方式，加工处理后的数据和产品，按标准规范命名、分类、存储，并制作元数据。

3.3.2　客户端体系结构

客户端分基础框架和应用模块/系统两部分，其中，基础框架和系统内核不实现具体功能，转为向开发提供基础设施支撑，应用系统建设根据具体预报业务需求，在其框架下完成开发工作。这种设计将框架和具体模块功能进行解耦，实现本地化应用的二次开发和高扩展性需求，也降低了系统的升级、维护的难度。

3.3.2.1　基础框架

基础框架分为核心基础框架、数据查询检索、人机交互制图、信息可视化、二次开发机制，其中，二次开发机制是基础框架的最终结果，是向外部提供二次开发应用的产品。

（1）核心基础框架。实现系统的分层架构、组织管理与插件机制。其中，主要部分包括用户界面框架、消息驱动及数据缓存、插件加载及更新等。UI框架负责用户交互界面的组织与扩展，包括层级菜单、数据图层、层级资料列表、工具栏、状态栏、多窗体视图（含地图）、窗体停靠、右键菜单等的添加、显示、隐藏、组合等。消息驱动负责框架内的事件驱动、消息监听、触发相应、消息管理。以新增一类数据显示为例，新增的数据种类会先在加载时候产生一个消息通知系统，系统依据消息类别进行判断，选择对应的数据适配器，读取、展示数据内容，如果未发现有对应处理程序会返回指定消息，提示用户。数据缓存机制，数据资料众多，有些数据量很大，如全球数值预报产品，无法将全部数据存储在内存中，因此，需要建立数据缓存机制，在客户端缓存加载后数据资源，同时，较大数值产品加载时，依据屏幕尺寸进行裁切仅加载部分数据。插件加载与更新是将系统基础内核部分与功能性插件进行分离，两者通过插件化方式进行集成，实现动态加载与卸载。

（2）数据查询检索。在内部定义数据模型的基础上，通过信息检索内部框架，实现对数据、产品资源的查询检索，包括元数据获取，查询检索方案的组合，查询检索条件生成，查询检索策略制定。

内部定义数据模型包括观测数据模型、数值预报产品数据模型、卫星遥感产品数据模型等，并按照具体数据种类在其上派生具体数据模型，如海洋站、浮标、志愿船、地波雷达、X波段雷达等数据模型、风场数值产品模型等。

（3）人机交互制图。建立适合于预报制图分析的交互式绘图场景，定义基本交互式操作，通过海洋预报符号库、绘图机制简化、绘图操作封装等一系列方案支持快速、简单制图分析。

（4）信息可视化。地图、数据的客户端显示与呈现，包括对地图（背景地理信息等）可视化、图层管理及图层可视化，投影变换展示、可视化渲染方式设置、异步渲染技术应用、与二维场景可视化衔接等。

（5）二次开发机制。在基础框架和内核的基础上，开发用于应用模块或者系统的插件框架，实现二次开发，承载具体业务功能，业务功能被封装在一个或者多个插件中，可以通过外部进行创建、动态加载、销毁或者网络分发。

3.3.2.2 应用模块/系统

应用模块/系统是具体预报业务开发的功能插件或者插件组，提供一套基于基础性的应用系统，包括数据查询检索、数值预报展示、预报综合分析、数值格点订正、预报产品制作、人机交互制图、预报产品输出和可视化场景展现，并在核心模块基础上搭建海浪预报、风暴潮预报、海冰预报、热带气旋警报、海上大风预报、专项预报服务和海洋环境预报子系统。

3.4 关键技术实现

本小节仅列出了较为重要的关键技术设计与实现思路，主要包括数据处理框架、海洋预报符号、词条化、数值预报处理与计算。

3.4.1　数据处理框架

海洋预警报业务涉及的数据源很多，有大量的数据采集、加工处理、存储管理的任务工作。因此，有必要建立一套较为统一的框架支撑该项工作。本书中数据处理框架基于 Topshelf 和 Quartz 搭建。其中，Topshelf 是一套 Windows 服务开发框架，可解决传统开发 Windows 服务模式调试麻烦的问题，实现将控制台代码封装为 Windows 服务，方便开发和调试。Quartz 通过配置参数设置对作业出发的周期进行从秒、分、时、日、星期、月、年等时间尺度的操作，满足任务按需编排和自动执行的需求。

海洋站、浮标、志愿船观测的多种格式的数据处理、各类预报参考资料的自动采集、加工，以及数值预报产品的加工计算均被封装到 Windows 服务中，每个服务较为独立，依据具体需求开发。

下面以观测数据处理流程为例说明数据处理的流程设计。

对海洋站报文进行接收、处理（解码）和存储，获取观测数据记录，是一项基础性工作。

海洋站报文数据处理分为两个过程，第一步数据同步，是从远程服务器下载海洋站观测报文文件，并保存到本地；第二步数据处理，是读取数据文件，依据编码程序将报文解译为观测要素值；最后，将观测要素值进行初步校验，并保存到数据库中。

数据同步过程中的基本步骤包括：

（1）配置目标数据源、数据下载方式、数据同步规则、本地文件存储等参数；

（2）对远程服务器的数据源文件夹进行一次扫描。检测是否有新增数据文件，若有按照步骤（1）中配置的过滤规则，进行筛选，若符合要求则将其复制到步骤（1）中配置的本地存储参数位置中，若不符合，则跳过；

（3）定时对远程数据源文件夹进行步骤（2）操作。

观测数据同步技术路线如图 3–12 所示。

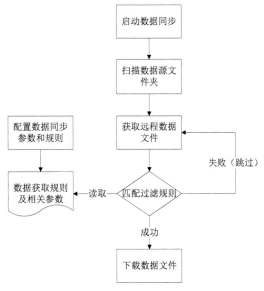

图3–12　观测数据同步技术路线

数据处理过程中的基本步骤包括：

（1）配置数据解析参数，包括数据文件源、数据失败存放目录、日志文件、数据库连接等参数。

（2）打开海洋观测报文文件待处理数据，按观测时间段进行分割获取报文消息，并以此为基础进行报文解码处理。

（3）读取报文消息块中报文，判断其编码类型，转入对应类别的解码处理过程，解码时按照要素组逐一处理。若解码失败，记录原因，若成功则保存。

（4）对处理完成的报文消息进行数据校验，若通过则存储到数据库中，并在校验字段中记录成功，否则在字段中记录存疑。

（5）重复步骤（3）至步骤（4）完成对单个文件的处理。

（6）重复步骤（2）至步骤（5）完成对一次数据处理过程的处理。

观测数据处理技术路线如图3-13所示。

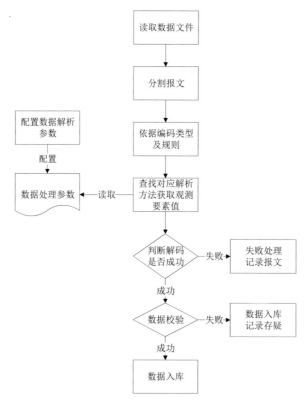

图3-13 观测数据处理技术路线

3.4.2 符号库及绘图设计与实现

制图分析在业务化预报中每日都要使用，因此需要设计一套使用便捷的海洋符号库系统。海洋预报符号由点、线、面和文字标注组成，与GIS系统中的点、线、面十分相似，但直接应用GIS中的点、线、面不能满足要求，故需设计出在实际应用中贴近海洋预报需求、操作简化、使用便捷的系统。因此，在开源GIS系统（SharpMap）基础上进行了扩展，设计了一套符合海洋预报领域要求和使用习惯的符号库。

核心设计思路和方法如下。

（1）PointBase 点符号扩展。在 SharpMap 的点类型的基础上进行扩展，建立一个 PointBase 类型，该类型作为后续为海洋气象点符号的基础类使用，包括除去其基本的构造函数之外，还封装了一个绘制符号的类的实例作为其成员变量。此外，还有一个关联子符号函数，用于后续生成点线组合符号。

（2）DrawIcon 类新建绘制符号类。该变量用于从配置文件参数中读取符号类型及相关参数，如所属类型、标准字体、大小等信息，用于在运行时动态创建符号。

（3）ControlPoint 类。用于存储线、面符号的控制点信息，用于人机交互方式对线、面的编辑和调整。

（4）ISearchGeometry 接口。该接口用于 CustomPoint 类，作为所有点符号的基础类，该类从 PointBase 类和 ISearchGeometry 接口派生，包括点的显示控制位置、点样式等变量，以及对点的创建、删除、绘制等一系列公共函数。

（5）CustomPolyLine 类。作为所有线符号的基础类，该类从 SharpMap 的 Poyline 基础上派生，包括线上的控制点，线原始组成点、线样式等变量，以及对线创建、控制点增加删除、线绘制、线销毁等一系列公共函数。

（6）CustomPolygon 类。作为所有面符号的基础类，该类从 SharpMap 的 Polygon 基础上派生，包括面的控制点，面原始组成点、面插值点、面样式等的变量，以及对创建、控制点增加删除、面绘制、面销毁等一系列公共函数。

上述是符号库涉及的基础类，具体符号均在其基础上派生、扩展海洋预报、警报绘图中的所需的文字、点、线、面等特定符号或者组合符号。

整体海洋预报符号库设计如图 3-14 所示。

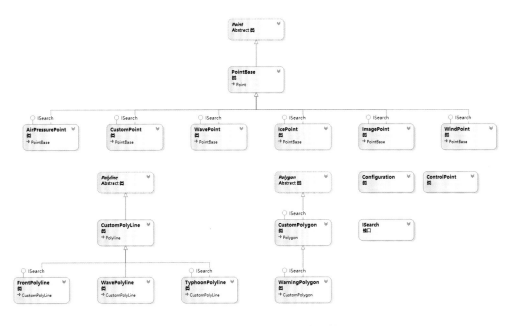

图3-14　海洋预报符号库设计图（类图简化版）

3.4.2.1　点符号

（1）ImagePoint 类，即带图标的符号类。基于 PointBase 类扩展，增加了尺寸控制变量，在符号绘制时，可以通过人机交互方式对带图标的点进行大小控制调整，主要用于数值符号、台风点的展示。

（2）WavePoint 类，即海浪符号类。基于 PointBase 类扩展，增加了波高、波向和周期参数，在符号绘制时，依据波向、波高参数自动为符号设置角度并组合绘制波高值、周期值文字标注。

（3）IcePoint 类，即海冰符号类。基于 PointBase 类扩展，增加了一般冰厚、最大冰厚参数，在符号绘制时，自动生成冰厚符号，该符号包括了一般冰厚、最大冰厚文字标注。

（4）WindPoint 类，即风符号类。基于 PointBase 类，增加了风向、风力大小参数，在符号绘制时，自动生成风羽符号，该依据风力大小选择风羽，依据风向确定符号旋转角度。

（5）AirPressurePoint 类，即气压符号类。基于 PointBase 类扩展，增加了高低压中心类型、气压中心值参数，在符号绘制时，依据中心类型，确定气压中心符号，依据气压值，标注气压中心数值。

3.4.2.2　线符号

（1）WavePolyline 类，即海浪等值线类。基于 CustomPolyline 类扩展，增加了波高值、等值线样式以及内置平滑方法参数，在线符号绘制时，根据等值线值自动添加等值线数值，对基于人机交互方式绘制的控制点，系统依据平滑方法进行内插处理（基于贝塞尔曲线），渲染绘制平滑后曲线。

（2）FrontPolyline 类，即锋面符号类。基于 CustomPolyline 类扩展，增加了锋面类型参数，在线符号绘制时，依据锋面类型自动选择锋面样式，系统依据人机交互确定的控制点绘制锋面线符号。

（3）TyphoonPolyline 类。基于 CustomPolyLine 扩展，增加了热带气旋位置点（实况点和预报点）变量、线样式，在符号绘制时，区分实况点、预报点、路径采用不同样式绘制渲染。

3.4.2.3　面符号

WarningPolygon 类，即警报落区类。基于 CustomPolygon 类扩展，增加了警报落区配置、内置平滑方法参数，在警报面符号绘制时，根据接收警报类型及其配置参数，确定哪种警报落区类型，如海浪警报，并与其预警级别（蓝、黄、橙、红）对应，同时基于人机交互方式确定面控制点，依据平滑方法进行内插处理（基于贝塞尔曲线），渲染绘制平滑曲面。

3.4.2.4　符号输出

上述符号的绘制组成了海洋预警报综合分析制图的基本内容，该部分需要输出，包括图件和矢量输出。

矢量输出包括投影设置、线符号转换，在输出过程中将自定义组合符号分解为点、线符号，

点、线、面符号分别生成对应 Shapefile 矢量文件，并赋予属性字段填充要素值，调用 NTS 函数输出 Shapefile 文件。

3.4.3 数值预报处理与计算

数值预报产品是预报分析的重要参考数据源，在业务化应用中发挥了越来越重要的作用。在业务平台的设计中基于业务化数值预报数据，开展了 NetCDF 数据标准化处理、基于规则的要素预警空间识别和时间识别的应用等方面的应用，计算结果统一存储为标准化预报参考数据集，供预报员在软件客户端加载使用，为综合预报分析提供支持。

3.4.3.1　NetCDF 数据处理

各数值预报模式输出的数值产品格式不同，且往往数据所占存储空间较大，对后续开展数据计算和分析十分不利。通过对这些数值预报模式产品数据的分析，在本系统建设中选择将数值模式产品统一到 NetCDF 格式进行存储，并针对每类业务制定了标准化的 NetCDF 格式，该格式统一采用规则网格设置、对其中要素变量的存储类型、压缩方式等均做了约定，并基于此开发了一套完整的数据转换处理程序，经过处理的数据，其压缩比例可以提高 20% ~ 70% 不等。

下面主要说明数据在存储上的设计，数据统一基于 NetCDF4 Classic 格式，通过 Zlib 支持块存储方式。同时，具体要素存储时，将原有的浮点变量转换为短整形存储，并附带偏移系数和缩放系数，这样处理可以很好地降低存储空间。

在浮点型转换为短整形的过程中，偏移系数（add_offset）和缩放系数（scale_factor）的计算方法如下：

scale_factor = (max − min) / (2 ** n − 1)

add_offset = min + 2 ** (n − 1) * scale_factor

其中：max 是要素的最大值；min 是要素的最小值；n 为存储字节位数；短整形一般是 byte16 位存储，故 n 取值 16。

3.4.3.2　基于规则的要素预警空间 / 时间分布

基于数值预报结果和预先制定的要素预警规则和前置规则，依据网格所在地理空间位置和预报时间，计算分析预报要素在时空上的统计情况。

基于数值预报产品，对矩阵进行判别分析、计算。在创建匹配规则情况下，根据网格的预报数值、时间，生成临时数据集。按照预定义的产品模板，制作用于预报参考的数据文件，包括要素的最大包络空间分布结果、多模式预报空间分布对比结果、海域预警信息参考结果、定点时间序列预报对比结果、定点时间序列预警信息参考结果等，其处理计算环节如图 3–15 所示。

以海浪为例，过程如下。

（1）规则一：近岸海域有效波高预警信号分级，[2.5–3.5) m、[3.5–4.5) m、[4.5–6) m

和＞6 m；

（2）规则二：近海海域有效波高预警信号分级，[6–9) m、[9.0–14.0) m 和＞14 m；

（3）规则三：有效波高包络统计，分别计算起报时间向外推的 24 小时最大值 / 平均值、48 小时最大值 / 平均值、72 小时最大值 / 平均值的包络场等；

（4）前置规则一：近岸与近海海域的网格划分规则；

（5）前置规则二：我国海域划分规则，如渤海、黄海北部、黄海中部、黄海南部、东海西北部、东海东北部、东海西南部、东海东南部、台湾海峡、台湾以东洋面、巴士海峡、南海东北部、南海西北部、北部湾、南海中西北部、南海中东部、南海西南部、南海东南部海域的网格组成。

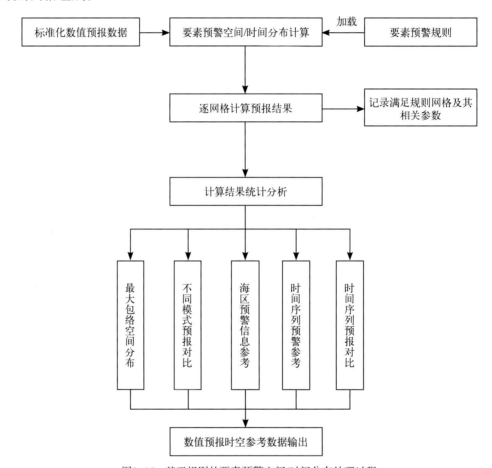

图3-15　基于规则的要素预警空间/时间分布处理过程

第4章 观测数据处理

本章主要介绍了海洋预报常用的观测数据、预报产品的采集和处理方法以及自动化处理的关键要点及其实现。观测数据处理部分以自然资源部属的海洋站、浮标、志愿船观测数据的处理为主，除此之外，还介绍了其它预报机构在其网站上发布的观测数据的获取及处理方法。

4.1 观测数据处理

以自然资源部属的海洋站、浮标、志愿船数据文件为例，详细描述、分析了上述数据文件的组织方式，对不同类型的观测数据（报文）进行解析（解码）处理，并以数据库为载体存储管理。

4.1.1 海洋站观测数据处理

海洋站观测数据处理从文件存储组织基本环境、数据解码解析技术路线、不同类型的海洋站数据处理方法和数据库存储等几个方面分别详细说明。

4.1.1.1 基本环境

海洋站观测报文、逐时、分钟数据存储在观测数据文件服务器上。海洋站数据共享目录下按海洋站名称创建文件夹，在该文件夹下按照数据类型再划分成"punctual""perclock""realtime"等文件夹。报文文件存储在"punctual"文件夹下，逐时文件存储在"perclock"文件夹下，分钟文件存储在"realtime"文件夹下。逐时文件（除海浪数据除外）每个要素每日一个文件，存在逐小时文件更新覆盖。海浪数据文件在命名上除了年月日外还有小时，因此，不会出现文件名相同的情况。海洋站观测数据文件存储的目录结构如图4-1所示。

4.1.1.2 技术路线

海洋站观测数据文件处理分为两个主要过程，一是通过FTP方式，按照一定的策略定时同步数据文件到数据处理服务器；二是根据海洋站观测数据文件分类对文件进行解析或解码处理，并对处理后的结果进行校验，通过后将数据存储到数据库中。

考虑到实际的数据环境，报文、逐时、分钟数据文件的同步、处理将分别开展，但采用的数据同步、处理方法和策略是相同的，技术路线如下。

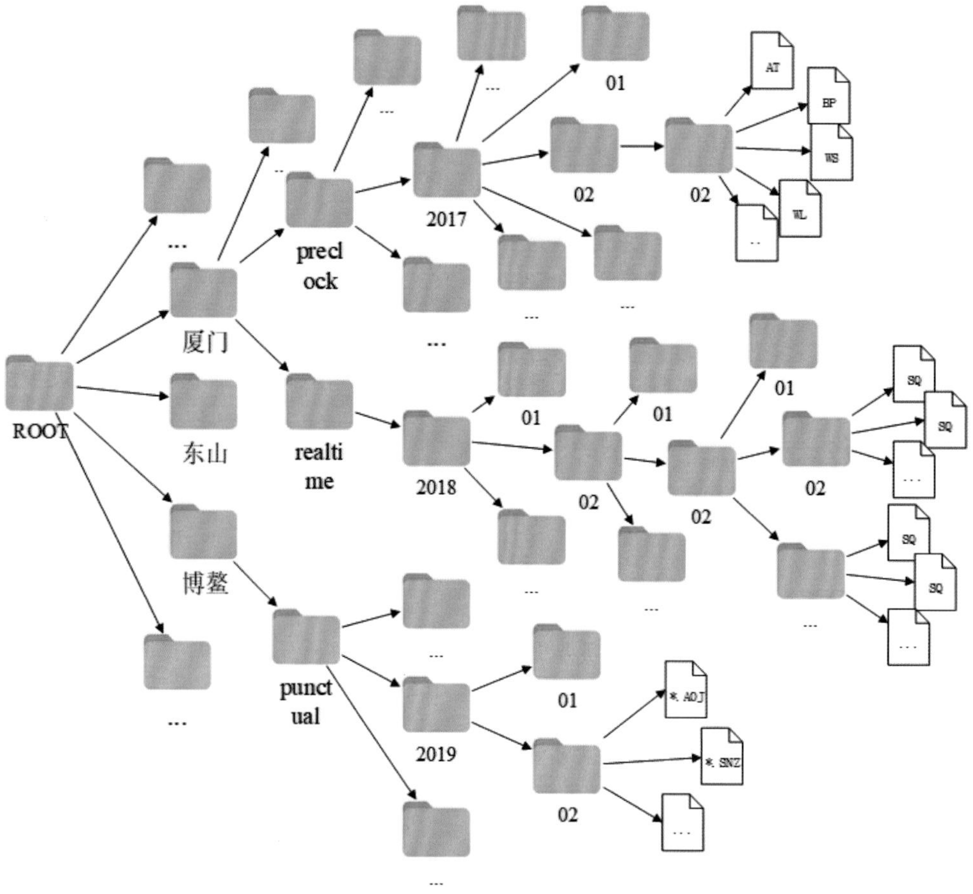

图4-1　海洋站观测数据文件目录结构

1）数据同步

数据同步操作可理解为自动批量获取两次时间戳之间的增量文件（新增文件或者在此期间修改过的文件），并能保证持续的业务化运行。

在数据同步过程中的操作可以细分为如下过程：

（1）数据同步执行前读取参数配置，包括 FTP 参数、对比时间选择、时间阈值参数、启动间隔、日志记录等均以配置方式存储和管理；

（2）启动同步操作后，逐站点进行处理，读取该站点的上一次同步记录，与服务端对应数据文件对比，获取满足时间条件要求的数据文件，加载到下载列表；

（3）全部站点处理完毕后，对本次同步的下载列表中的文件进行下载，保存到本地服务器指定位置，并重命名添加时间戳；

（4）在一次文件同步成功处理后，更新每个站点的上一次数据处理时间存储到数据库。

对海洋站逐时文件的同步处理，记录每个"海洋站－年－月"逐时文件夹的每次处理时间，作为下一次文件同步操作的基准时间。对海洋站分钟文件的同步处理，记录每个"海洋站－年－月"分钟文件夹的每次处理时间，作为下一次文件同步操作的基准时间。

海洋站观测数据文件同步流程见图 4-2 所示。

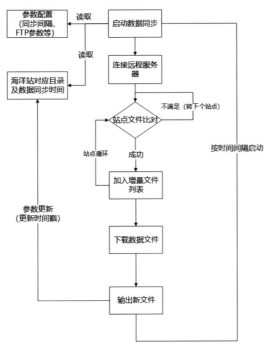

图4-2 海洋站观测数据文件同步流程

2）数据处理

海洋站观测报文、逐时、分钟文件的数据处理分类进行，一次数据处理的流程如下：

（1）数据处理执行时，依据文件命名获取要素及海洋站代码；

（2）系统根据数据类型，转入对应数据处理过程；

（3）海洋站数据解析程序处理提取观测信息，并记录处理过程，形成日志；

（4）提取成功的数据结果，按预先设计的数据库结构批量入库存储，日志记录入库；

（5）完成一次海洋站观测报文、逐时、分钟文件的数据处理操作。

处理流程如图 4-3 所示。

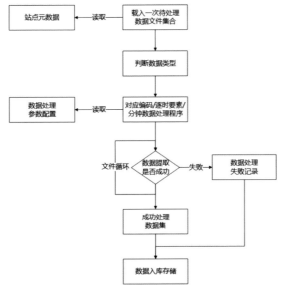

图4-3 海洋站观测报文/逐时/分钟数据处理流程

4.1.1.3　海洋站观测报文数据处理

海洋站观测报文包括多个时刻的观测记录，在解码处理时先将报文按观测时刻分割，然后在一个观测时刻编报报文中按段落做分割处理，最后在每一段段内按组匹配处理。

1）报文解码关键点

（1）按观测时刻分割

在海洋站观测报文中，一段报文中存在多个（依据站点编报频次不同而不同）观测时刻，每个观测时刻的结尾用字符"="区分，如图4-4所示。

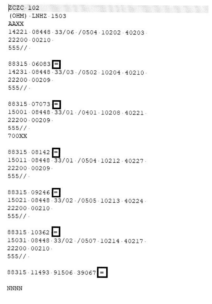

图4-4　按观测时间分割海洋站观测报文

（2）报文组解码

每段报文检测第2段、第3段、第5段标识符，依据分段检测结果将报文分段为第1段、第2段、第3段、第5段（如果存在），再对每段报文按组进行解码处理。在报文解码中采用正则表达式方式匹配、提取对组对应的观测要素数值，报文解码如表4-1所示。

表4-1　海洋站编码报文解码

组内容	正则表达式	备注
22200	/	查找2段开始位置
333//	/	查找3段开始位置
555//	/	查找5段开始位置
QQQQ	(?<=OHM\))\s+(?<code>[A-Za-z]{3})Z	海洋站缩写
YYGG	(?<day>\d{2})(?<hour>\d{2})\s+(?=AAXX)	发布时间
YYGG1	(?<dd>\d{2})(?<hh>\d{2})1	观测时间，在第1段报文中匹配，提取后需进一步验证
IIiii	(?<sn>\d+)\s+(?=\d3\/)	海洋站号，提取之后需与海洋站元数据验证

续表

组内容	正则表达式	备注
i_R3/VV	(?<ir>\d)3\/(?<vv>\d{2}|\/{2})	
/ddff	\/(?<dd>(\d{2}|\/{2}))(?<ff>(\d{2}|\/{2}))	
$1S_nTTT$	1(?<Sn>[0|1])(?<TTT>\d{3}|\/{3})	
4PPPP	4(?<PPPP>\d{4})	
6RRR2	6(?<RRR>\d{3}|/{3})2	
$0S_nT_wT_wT_w$	0(?<Sn>[0|1])(?<TwTwTw>\d{3})	
$1P_{wa}P_{wa}H_{wa}H_{wa}$	1(?<PwaPwa>\d{2}|/{2})(?<HwaHwa>\d{2}|/{2})	
$2P_wP_wH_wH_w$	2(?<PwPw>\d{2}|\/{2})(?<HwHw>\d{2}|\/{2})	
$3d_{w1}d_{w1}//$	3(?<dwdw>\d{2}|\/{2})\/{2}	
$4P_{w1}P_{w1}H_{w1}H_{w1}$	4(?<Pw1Pw1>\d{2}|/{2})(?<Hw1Hw1>\d{2}|\/{2})	
$911f_xf_x$	911(?<fxfx>\d{2}|\/{2})	
$915d_xd_x$	915(?<dxdx>\d{2}|\/{2})	
$5ggH_mH_m$	5(?<gg>\d{2}|\/{2})(?<HmHm>\d{2}|\/{2})	
$88Cyy\ q_jq_jH_jH_jH_j$	88(?<C>\d)(?<yy>\d{2})\s+(?<qjqj>\d{2})(?<HjHjHj>\d{3})	
9yygg mmHHH	9(?<yy>\d{2})(?<gg>\d{2})\s+(?<mm>\d{2})(?<HHH>\d{3})	

4.1.1.4 海洋站观测逐时气象观测数据处理

海洋站观测逐时气象观测数据包括风、气温、气压、能见度、相对湿度、降水要素，每一种数据的处理方式如下。

1）风

逐时风数据一次性读取，按表 4-2 分段开展数据正则匹配，匹配结果按数据格式进行验证，存储到预定义的数据集中。

表4-2　海洋站逐时风数据解析

提取内容	数据内容	正则表达式	备注
观测时间	20200618	\b\d{8}(?<=\S)	时间须进行有效性验证
逐时风速风向	232 1.4 183 1.0 181　1.0 31 0.4 310 1.4 279 1.0 288 0.1 281 … 1.6 135 4.7 182 1.8	(?<=\s+)(?<wd>\d+)\s+(?<ws>\d+\.\d+)	
极大风速风向	4.7 208 4.0 257 7.9 223 9.2 189	(?<=\s+)(?<ws>\d+\.\d+)\s+(?<wd>\d+)	
观测日最大风速风向	5.7 144 1906	(?<=\s+)(?<ws>\d+\.\d+)\s+(?<wd>\d+)\s+(?<dt>\d+)	
观测日极大风速风向	9.2 189 1428	(?<=\s+)(?<ws>\d+\.\d+)\s+(?<wd>\d+)\s+(?<dt>\d{4})	

2）气温

逐时气温数据一次性读取，按表4-3分段开展数据正则匹配，匹配结果按数据格式进行验证，存储到预定义的数据集中。

表4-3 海洋站逐时气温数据解析

提取内容	数据内容	正则表达式	备注
观测时间	20200618	\b\d{8}(?<=\S)	时间须进行有效性验证
逐时气温、日最高、最低气温	29.9 29.8 30.1 29.1 28.4 … 30.5 29.2 29.7 33.9 27.7	(?<=\s+)(?<at>\-?\d+\.\d+)	

3）气压

逐时气压数据一次性读取，按表4-4分段开展数据正则匹配，匹配结果按数据格式进行验证，存储到预定义的数据集中。

表4-4   海洋站逐时气压数据解析

提取内容	数据内容	正则表达式	备注
观测时间	20200618	\b\d{8}(?<=\S)	时间须进行有效性验证
逐时气压、日最高、最低气压	1007.0 1007.4 1007.5 1007.1 1006.4 … 1005.5 1004.9 1004.5 1004.8 1005.1 1005.7 1006.3 1008.4 1004.5	(?<=\s+)(?<bp>\d+\.\d+)	

4）能见度

逐时能见度数据一次性读取，按表4-5分段开展数据正则匹配，匹配结果按数据格式进行验证，存储到预定义的数据集中。

表4-5 海洋站逐时能见度数据解析

提取内容	数据内容	正则表达式	备注
观测时间	20200618	\b\d{8}(?<=\S)	时间须进行有效性验证
逐时能见度、日最高、最低能见度	9.0 8.8 8.5 8.3 8.2 8.3 7.7 … 8.2 7.2 8.2 7.2 8.1 8.4 8.3 5.5 6.0 7.6 8.0 7.1	(?<=\s+)(?<vb>\d+\.\d+)	

5）相对湿度

逐时相对湿度数据一次性读取，按表4-6分段开展数据正则匹配，匹配结果按数据格式进行验证，存储到预定义的数据集中。

表4-6　海洋站逐时相对湿度数据解析

提取内容	数据内容	正则表达式	备注
观测时间	20200618	\b\d{8}(?<=\S)	时间须进行有效性验证
逐时相对湿度、日最高、最低相对湿度	92 96 93 92 93 92　93 95 98 98 100 … 87　90 90 91 90 100 76	(?<=\s+)(?<hu>\d+)	

6）其他

气象要素的数据观测时间范围为前一日21时到当日20时，因此，在气象逐时数据中读取日期后，将统一对观测时间进行处理，如文件内时间为20200618，则观测时间为2020年06月17日21时至2020年06月18日20时。

解析后的气象要素数据集，将以批量方式存储到逐时数据对应的数据表，日统计数据如要素极值数据等存储在日统计表。

4.1.1.5　海洋站观测逐时海洋观测数据处理

海洋站逐时海洋观测数据包括潮位、海温、盐度、海浪要素，每一种逐时数据文件的处理方式如下。

1）潮位

逐时潮位数据一次性读取，按表 4-7 分段开展数据正则匹配，匹配结果按数据格式进行验证，存储到预定义的数据集中。

表4-7　海洋站逐时潮位数据解析

提取内容	数据内容	正则表达式	备注
观测时间	20200618	\b\d{8}(?<=\S)	时间须进行有效性验证
逐时潮位	434 349 276 226　205 220　　… 183 144 141 182 248　325 410 492 534	(?<=\s+)(?<wl>\-?\d+)	
高/低潮潮时 高/低潮潮值	205 0406　515 1018　136 1621　536 2312 9999　　9999	(?<=\s+)(?<wl>\-?\d+)\s*(?<hh>[0-2]\d+)(?<mi>[0-5]\d+)	

2）海温

逐时海温数据一次性读取，按表 4-8 分段开展数据正则匹配，匹配结果按数据格式进行验证，存储到预定义的数据集中。

表4-8　海洋站逐时海温数据解析

提取内容	数据内容	正则表达式	备注
观测时间	20200618	\b\d{8}(?<=\S)	时间须进行有效性验证
逐时海温、日最高、最低海温	28.1 28.1 27.9 27.9　27.9 27.7 27.7 27.7 27.6 … 28.0 28.8 27.3	(?<=\s+)(?<wt>\-?\d+\.\d+)	

3）盐度

逐时盐度数据一次性读取，按表4-9分段开展数据正则匹配，匹配结果按数据格式进行验证，存储到预定义的数据集中。

表4-9　海洋站逐时盐度数据解析

提取内容	数据内容	正则表达式	备注
观测时间	20130407	\b\d{8}(?<=\S)	时间须进行有效性验证
逐时海温、日最高、最低海温	32.600 32.640 32.660 32.680 32.720 32.730 32.750 … 32.270 32.760 32.200	(?<=\s+)(?<sl>\d+\.\d+)	

4）海浪

逐时海浪数据一次性读取，按表4-10分段开展数据正则匹配，匹配结果按数据格式进行验证，存储到预定义的数据集中。

表4-10　海洋站逐时海浪数据解析

提取内容	数据内容	正则表达式	备注
观测时间	202006180000	\b\d{12}(?<=\S)	时间须进行有效性验证
观测时刻的海浪各要素	0.50 0.7 4.9 1.3 5.0　1.2 6.4 1.0 6.1 196　67	(?<=\s)\d+\.\d+|(?<=\s)\-?\d+	

海浪数据处理过程中，会对匹配之后的海浪结果进行校对，检查是否与格式相符，部分海洋站的海浪观测数据存在要素缺失情况。

5）其他

海洋要素的数据观测时间范围为当日0时到23时，因此，在海洋逐时数据中读取日期后，将统一对观测时间进行处理，如文件内时间为20181013，则观测时间为2018年10月13日0时至23时，海浪数据文件中存储的观测结果精确到小时，直接按实际观测时间处理。

解析后的海洋要素数据集，将以批量方式存储到逐时数据对应的数据表，日统计数据如要素极值数据等存储在日统计表。

4.1.1.6　海洋站观测分钟数据处理

海洋站观测分钟数据包括风、气温、气压、相对湿度、降水、海温、潮位、盐度，数据处理方式如下。

按观测时间划分出海洋、气象观测部分，然后分别对海洋、气象部分进行正则匹配。在处理海洋、气象部分时，通过标识符，如表4-11定位各要素所在行，提取之后再进行匹配。匹配结果按数据格式进行验证，存储到预定义的数据集中。

表4-11 海洋站分钟观测数据解析

提取内容	数据内容	正则表达式	备注
观测时间	20200618000000	\b\d{14}(?<=\S)	时间须进行有效性验证
表层海温	WT 28.1 SL 27.3 WL 434	(?<=WT)\s+(?<wt>\-?\d+\.\d+)	
表层盐度	WT 28.1 SL 27.3 WL 434	(?<=SL)\s+(?<sl>\d+\.\d+)	
潮位	WT 28.1 SL 27.3 WL 434	(?<=WL)\s+(?<wl>\-?\d+)	
气温	AT 29.1 BP 1007.1 HU 74 RN 99999.9 WS 0.9 243 0.4 31 1.9 274 2019 4.7 208 2244	(?<=AT)\s+(?<at>\-?\d+\.\d+)	
气压	AT 29.1 BP 1007.1 HU 74 RN 99999.9 WS 0.9 243 0.4 31 1.9 274 2019 4.7 208 2244	(?<=BP)\s+(?<bp>\d+\.\d+)	
相对湿度	AT 29.1 BP 1007.1 HU 74 RN 99999.9 WS 0.9 243 0.4 31 1.9 274 2019 4.7 208 2244	(?<=HU)\s+(?<hu>\d+)	
风－阵风、平均风	WS 0.9 243 0.4 31 1.9 274 2019 4.7 208 2244	(?<=\s+)(?<ws>\d+\.\d+)\s+(?<wd>\d+)\s+	
风－最大风速、极大风速	WS 0.9 243 0.4 31 1.9 274 2019 4.7 208 2244	(?<=\s+)(?<ws>\d+\.\d+)\s+(?<wd>\d+)\s+(?<dt>\d{4})	

4.1.1.7 海洋站观测数据存储

海洋站观测数据存储结构如图 4-5 所示,数据库中包括逐时观测要素表、逐时海浪观测表、气温、气压、风、相对湿度、能见度日统计表、编码观测主表、编码观测海浪表、编码观测海冰表、分钟观测数据表、海洋站信息表等,具体数据库表结构详见附件 8。

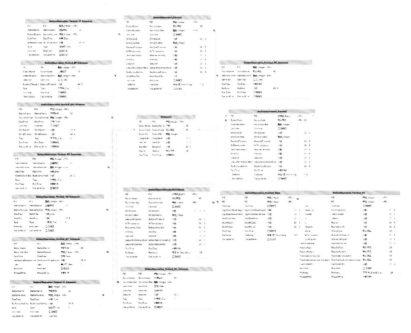

图4-5 海洋站观测数据库结构

4.1.2 浮标观测数据处理

4.1.2.1 基本环境

浮标观测数据文件保存在服务器上，通过 FTP 方式共享。共享目录下每个浮标按站位号创建文件夹，在该文件夹下按"年 – 月"组织存储文件，浮标观测数据文件存储到对应的"浮标站位号 / 年 / 月"的目录结构中，如图 4-6 所示。

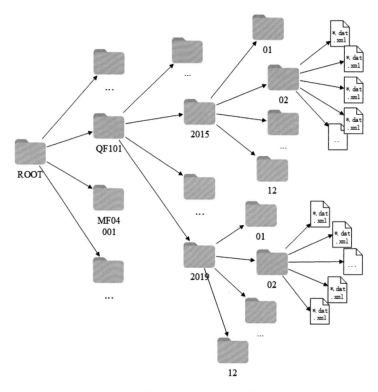

图4-6　浮标观测数据文件目录结构

4.1.2.2 技术路线

浮标观测数据处理可分为两个主要过程，一是通过 FTP 方式，按照一定的策略定时同步数据文件到数据处理服务器（与海洋站观测数据文件同步相同）；二是对同步之后的数据文件先按文件命名分类，再按对应的格式进行解析或解码处理，通过后将数据存储到数据库中。

1）数据处理

浮标观测数据处理分开进行，一次数据处理的流程如下：

（1）浮标观测数据处理初始化，读取数据处理参数配置和浮标元数据（浮标号或者站位号）；

（2）载入待处理的浮标数据文件，并按浮标文件命名区分浮标报文（编码报文）和浮标 XML 格式文件；

（3）启动浮标观测数据处理，按组或者要素对数据内容进行正则表达式匹配，并记录过程日志；

（4）提取成功的数据结果，按预先设计的数据库结构批量入库存储，日志记录入库；

（5）完成一次浮标观测数据文件处理操作。

处理流程如图 4-7 所示。

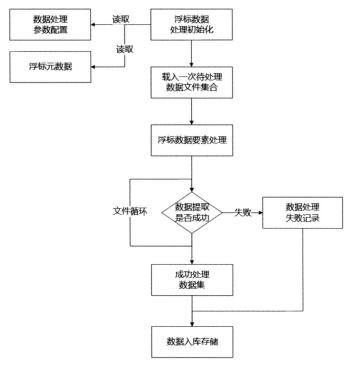

图4-7　浮标观测数据处理流程

4.1.2.3　浮标观测数据（XML 格式）处理

浮标观测数据包括风、气温、气压、相对湿度等气象要素和海浪、表层海温、盐度，以及浮标站位的剖面温度、盐度、海流观测记录，浮标数据解析处理通过解析 XML 的 DOM 结构实现，具体如表 4-12 所示。

表4-12　浮标观测数据（XML格式）数据提取

数据内容	标签路径 / 属性	备注
浮标信息	OceanObservatingDataFile/BuoyageRpt/BuoyInfo	
浮标编号	读取 id 和 NO 属性	判断是否一致
浮标位置	OceanObservatingDataFile/BuoyageRpt/BuoyInfo/Location	
经度	读取 longitude 属性	提取的结果需转换为十进制度
纬度	读取 latitude 属性	提取的结果需转换为十进制度
观测时间	OceanObservatingDataFile/BuoyageRpt/DateTime	
观测时间	读取 DT 属性	提取的结果需转换为时间并进行验证

续表

数据内容	标签路径 / 属性	备注
浮标状态	OceanObservatingDataFile/BuoyageRpt/HugeBuoyData/RunningStatus	
浮标姿态方位	读取 azimuth 属性	
浮标姿态斜度	读取 lean 属性	
浮标电池电压	读取 DY 属性	
浮标运行模式	读取 Status 属性	
浮标运行状态	读取 Style 属性	
浮标表层观测数据	OceanObservatingDataFile/BuoyageRpt/HugeBuoyData/BuoyData	
最大波周期	读取 ZZQ 属性	无数据时为 "/"，提取结果需验证
最大波高	读取 ZBG 属性	无数据时为 "/"，提取结果需验证
1/10 波周期	读取 TenthZQ 属性	无数据时为 "/"，提取结果需验证
1/10 波高	读取 TenthBG 属性	无数据时为 "/"，提取结果需验证
有效波周期	读取 YZQ 属性	无数据时为 "/"，提取结果需验证
有效波高	读取 YBG 属性	无数据时为 "/"，提取结果需验证
平均波周期	读取 ZQ 属性	无数据时为 "/"，提取结果需验证
平均波向	读取 BX 属性	无数据时为 "/"，提取结果需验证
平均波高	读取 BG 属性	无数据时为 "/"，提取结果需验证
表层盐度	读取 SL 属性	无数据时为 "/"，提取结果需验证
表层水温	读取 WT 属性	无数据时为 "/"，提取结果需验证
相对湿度	读取 HU 属性	无数据时为 "/"，提取结果需验证
海平面气压	读取 BP 属性	无数据时为 "/"，提取结果需验证
气温	读取 AT 属性	无数据时为 "/"，提取结果需验证
最大风速	读取 WSM 属性	无数据时为 "/"，提取结果需验证
风向	读取 WD 属性	无数据时为 "/"，提取结果需验证
风速	读取 WS 属性	无数据时为 "/"，提取结果需验证
浮标剖面温盐观测数据	OceanObservatingDataFile/BuoyageRpt/HugeBuoyData/TempSalt/TSalt	可能存在多条记录
剖面深度	读取 SE 属性	
剖面盐度	读取 SL 属性	无数据时为 "/"，提取结果需验证
剖面温度	读取 WT 属性	无数据时为 "/"，提取结果需验证
浮标剖面海流观测数据	OceanObservatingDataFile/BuoyageRpt/HugeBuoyData/SeaCurrent/SCurrent	可能存在多条记录
剖面深度	读取 SE 属性	
剖面流向	读取 CD 属性	无数据时为 "/"，提取结果需验证
剖面流速	读取 CS 属性	无数据时为 "/"，提取结果需验证

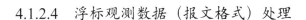

4.1.2.4 浮标观测数据（报文格式）处理

浮标观测报文在处理过程中先按浮标分割，然后再对单个浮标内观测分段处理。依据浮标数据的格式，在每一段段内按组匹配处理。

1）解码关键点

（1）按浮标号整理提取报文

在浮标观测报文中，一段报文中包括多个浮标观测，因此，优先将浮标报文数据按浮标站位或者编号做分割，单个浮标观测报文结尾以字符"NNNN"标识，如图 4-8 所示。

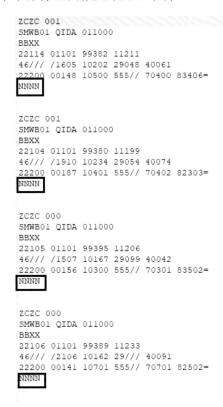

图4-8 浮标编码报文按浮标站位分割报文

（2）报文解码处理

在单个浮标报文中，每一组均采用正则表达式方式进行匹配，匹配过程的前置条件是如果组出现则必须按顺序出现，不出现跨越组顺序的情况，如果有则判断编码有误，报文解码如表 4-13 所示。

表4-13 浮标编码报文解码

分段或分组	数据内容	正则表达式	备注
第 0 段	/	.*(?=46///)	
第 1 段	/	(?<=46///).*(?=22200)	
第 2 段及以后	/	(?<=22200).*	

分段或分组	数据内容	正则表达式	备注
DDDD	浮标编号或者站位	22(?<DDDD>\d{3,5})	
YYGG1	观测时间	22[\w|\s]*?(?<YY>\d{2}?<GG>\d{2})1	
$99L_aL_aL_a$ $1L_0L_0L_0L_0$	浮标位置（经纬度）	99(?<lat>\d{3})\s*1(?<lon>\d{4})	
/ddff	风速风向	/(?<dd>\d{2}|/{2})(?<ff>\d{2}|/{2})	
$1s_nTTT$	气温	1(?<sn>\d|/)(?<TTT>\d{3}|/{3})	
$2s_nT_dT_dT_d$	相对湿度	29(?<TdTdTd>\d{3}|/{3})	
4PPPP	海平面气压	4(?<BP>\d{4}|/{4})	
$0s_nT_wT_wT_w$	表层海温	0(?<sn>\d|/) (?<TwTwTw>\d{3}|/{3})	
$1P_wP_wH_wH_w$	风浪	1(?<PwPw>\d{2}|/{2}) (?<HwHw>\d{2}|/{2})	
$911f_xf_x$	极大瞬时风速	911(?<fxfx>\d{2}|/{2})	
$7P_wP_wH_wH_w$	最大波高	(?=555//)?.*?7(?<PwPw>\d{2}|/{2}) (?<HwHw>\d{2}|/{2})	
$8D_cD_cF_cF_c$	海流	(?=555//)?.*?8(?<DcDc>\d{2}|/{2}) (?<FcFc>\d{2,3}|/{2,3})	

4.1.2.5 浮标数据存储

浮标观测数据存储结构如图4-9所示，包括浮标站位表、浮标观测数据表（XML 格式）、剖面海温盐度表、剖面海流表以及浮标观测数据表（FUB 格式）等，具体数据库表结构见附件9。

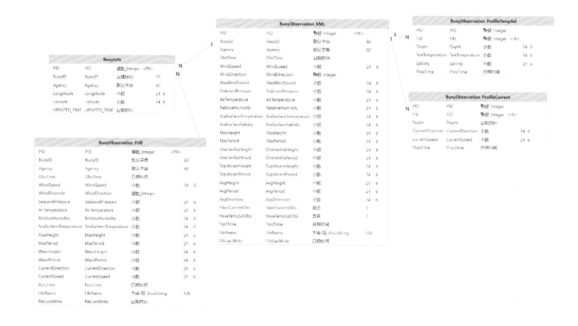

图4-9 浮标数据库结构

4.1.3 志愿船观测数据处理

4.1.3.1 基本环境

志愿船数据保存在服务器上，通过 FTP 方式共享。由目录命名为"BBX"文件夹作为根目录，在该文件夹下按照数据组织方式再划分文件夹，志愿船数据文件存储到对应"年 – 月"的文件夹中，其文件存储目录结构如图 4-10 所示。

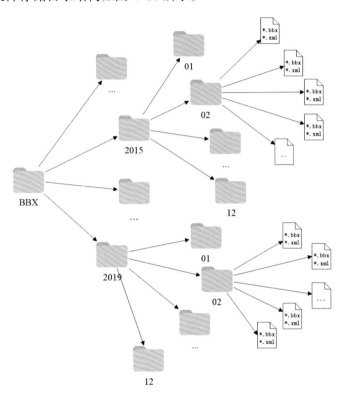

图4-10　志愿船观测数据文件存储目录结构

4.1.3.2 技术路线

数据处理可以分解为两个主要过程，一是通过 FTP 方式，按照一定的策略定时同步数据文件到数据处理服务器（与海洋站、浮标观测数据文件同步相同）；二是对同步之后的数据文件先按文件命名分类，再按对应的格式进行解析或解码处理，通过后将数据存储到数据库中。

1）数据处理

志愿船数据处理分开进行，一次数据处理的流程如下：

（1）志愿船数据处理初始化，读取配置文件和元数据；

（2）按志愿船文件类型，对待处理的文件进行分类，将 BBX 和 XML 格式的文件分开转入待处理列表；

（3）按文件分类进行志愿船数据文件处理，按要素对数据内容进行匹配，并记录过程日志；

（4）提取成功的志愿船观测数据结果，按预先设计的数据库结构批量入库存储，日志记录入库；

（5）完成一次志愿船观测数据文件处理操作。

处理流程如图 4-11 所示。

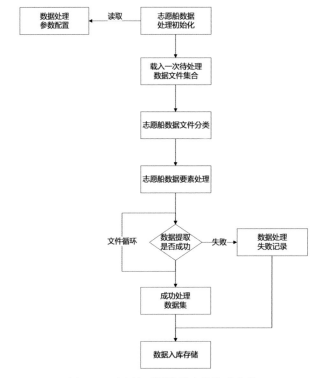

图4-11 志愿船观测数据文件处理流程

4.1.3.3 志愿船观测数据（XML 格式）处理

志愿船观测数据包括风速、风向、气压、气温、相对湿度、水温要素。志愿船观测数据解析处理通过解析 XML 的 DOM 结构实现，具体如表 4-14 所示。

表4-14 志愿船观测数据（XML格式）数据提取

数据内容	标签路径 / 属性	备注
志愿船信息	DataSet/Info/BaseInfo	
船舶呼号	读取 ID 属性	
船舶类型	读取 Type 属性	
船舶名称	读取 Name 属性	
隶属单位	读取 Owner 属性	
时间信息	DataSet/Info/ DateTime	
观测日期	DataSet/Info/ DateTime /Date	提取的结果需转换为时间并进行验证
观测时间	DataSet/Info/ DateTime /Time	
船舶位置信息	DataSet/Info/ LOC	
经度	DataSet/Info/ LOC/Lon	
纬度	DataSet/Info/ LOC/Lat	

续表

数据内容	标签路径 / 属性	备注
船舶航行信息	DataSet/Info/ Status/	
电池电压	DataSet/Info/ Status/Vol	无数据时为"/"，提取结果需验证
航速	DataSet/Info/ Status/SS	无数据时为"/"，提取结果需验证
船向	DataSet/Info/ Status/SD	无数据时为"/"，提取结果需验证
船舶采集气象部分	DataSet/Data/Met	
风速	DataSet/Data/Met/WS	无数据时为"/"，提取结果需验证
风向	DataSet/Data/Met/WD	无数据时为"/"，提取结果需验证
气压	DataSet/Data/Met/BP	无数据时为"/"，提取结果需验证
气温	DataSet/Data/Met/AT	无数据时为"/"，提取结果需验证
相对湿度	DataSet/Data/Met/HU	无数据时为"/"，提取结果需验证
船舶采集水文部分	DataSet/Data/Hydrology	
水温	DataSet/Data/Hydrology/WT	无数据时为"/"，提取结果需验证

4.1.3.4　志愿船观测数据（报文格式）处理

志愿船观测报文数据在处理过程中先按船舶观测记录分割，再对单个志愿船观测分段处理。依据志愿船观测报文数据的格式，在每一段段内按组匹配处理。

1）解码关键点

（1）按志愿船观测记录整理提取报文

在志愿船观测报文文件中，报文文件中包括多条志愿船观测结果，因此，首先将志愿船观测报文按志愿船呼号做分割处理，单条志愿船观测报文结尾以字符"="标识，如图4-12所示。

```
BBXX BPKC 07101 99062 10937 43/// /1411 10289 40041 22261 3///=
BBXX BPAP 07111 99118 10850 43/// ///// 10287 40034 22231 3///=
BBXX BPAQ 07111 99095 11097 43/// /2210 10281 40042 22251 3///=
BBXX BPKC 07111 99062 10934 43/// /1411 10291 40053 22261 3///=
BBXX BIBY6 07121 99087 11279 43/13 /1813 10288 40069 22231=
BBXX BNRC 07121 99/// ///// 43/// ///// 10291 40057 222//
BBXX BPAP 07121 99116 10852 43/// ///// 10287 40038 22231 3///=
BBXX BPAQ 07121 99093 11096 43/// /2210 10284 40045 22251 3////=
BBXX BPBA 07121 99139 10424 43/// ///// 10315 40062 22233=
BBXX BPBD 07121 99020 70893 43/// ///// 1//// 40124 22233=
BBXX BPAP 07131 99115 10854 43/// ///// 10286 40040 22231 3///=
BBXX BPAQ 07131 99090 11095 43/// /2209 10286 40057 22251 3///=
BBXX BPKC 07131 99062 10927 43/// /1512 10289 40064 22261 3///=
BBXX BPAP 07141 99114 10856 43/// ///// 10287 40052 22231 3///=
BBXX BPAQ 07141 99088 11093 43/// /1911 10281 40070 22251 3///=
BBXX BPKC 07141 99062 10924 43/// /1410 10289 40075 22261 3///=
BBXX BPAP 07151 99113 10858 43/// ///// 10288 40060 22231 3///=
BBXX BPAQ 07151 99086 11092 43/// /1911 1//// 40081 22251 3///=
BBXX BPKC 07151 99061 10921 43/// /1410 10289 40081 22261 3///=
BBXX BPAP 07161 99111 10859 43/// ///// 10288 40067 22231 3///=
BBXX BPAQ 07161 99084 11091 43/// /1810 10265 40089 22251 3///=
BBXX BPKC 07161 99061 10918 43/// /1512 10288 40078 22261 3///=
BBXX BPBG 07181 99038 11005 43/// /0311 10286 40075 22241 3///=
BBXX BPBG 07201 99033 11006 43/// /0211 10290 40089 22241 3///=
BBXX BPBG 07211 99030 11007 43/// /0210 10288 40095 22231 3///=
BBXX BPBG 07221 99029 11009 43/// /0110 10293 40100 22231 3///=
BBXX BPBG 07231 99028 11012 43/// /3206 10293 40101 22211 3///=
BBXX BPBG 08001 99028 11013 43/// /3102 10281 40102 22280 3///=
```

图4-12　志愿船观测报文分割处理

（2）报文解码处理

在单条志愿船观测报文中，每一组均采用正则表达式方式进行匹配，匹配过程的前置条件是如果组出现则必须按顺序出现，不出现跨越组顺序的情况，如果有则判断编码有误，报文解码如表4-15所示。

表4-15　浮标编码报文解码

分段或分组	数据内容	正则表达式	备注
第1段			
DDDD	船舶呼号	(?<=BBXX).*(\w*)	
YYGG1	观测时间	(?<dd>\d{2})(?<hh>\d{2})1	观测时间，提取后结合文件名时间拼接出完整的观测时间
$99L_aL_aL_a$ $Q_cL_0L_0L_0L_0$	志愿船位置（经纬度）	99(?<lat>\d{3})\s*(?<qc>[1|3|5|7])(?<lon>\d{4})	提取后需按象限再计算处理
i_Ri_xhvv	降水、天气现象指示组、最低云底部高度、能见度	(?<ir>[1|3|4])(?<ix>[1-6])(?<h>/|\d)(?<vv>\d{2}|\/{2})	
Nddff	总云量、风速风向	(?<N>/|\d)(\d{2}|/{2})(\d{2}|/{2})	
$1s_nTTT$	气温	1(?<sn>[0|1]|/)(?<ttt>\d{3}|/{3})	
$2s_nT_dT_dT_d$	露点温度	2(?<sn>[0|1]|/)(?<tdtdtd>\d{3}|/{3})	
4PPPP	海平面气压	4(?<bp>\d{4}|/{4})	
$7wwW_1W_2$	现在天气、过去天气	7(?<ww>\d{2}|/{2})(?<w1>\d|/)(?<w2>\d|/)	
$8N_hC_LC_MC_H$	云组，低云量、低、中、高云状	8(?<Nh>\d|/)(?<Cl>\d|/)(?<Cm>\d|/)(?<Ch>\d|/)	
$222D_sV_s$	船舶航向、航速	222(?<Ds>\d|/)(?<Vs>\d|/)	
$0s_nT_wT_wT_w$	表层海温	0(?<Sn>[0|1])(?<TwTwTw>\d{3})	
$2P_wP_wH_wH_w$	风浪组；浪周期、浪高	2(?<PwPw>\d{2}|/{2})(?<HwHw>\d{2}|/{2})	
$3d_{w_1}d_{w_1}d_{w_2}d_{w_2}$	涌向组；第一涌浪向、第二涌浪向	3(?<dw1dw1>\d{2}|/{2})(?<dw2dw2>\d{2}|/{2})	
$4P_{w_1}P_{w_1}H_{w_1}H_{w_1}$	第一涌浪周期和涌高	4(?<Pw1Pw1>\d{2}|/{2})(?<Hw1Hw1>\d{2}|/{2})	
$5P_{w_2}P_{w_2}H_{w_2}H_{w_2}$	第二涌浪周期和涌高	4(?<Pw1Pw1>\d{2}|/{2})(?<Hw1Hw1>\d{2}|/{2})	

4.1.3.5　志愿船观测数据存储

志愿船观测数据存储关系如图4-13所示，数据库中包括志愿船信息表、XML格式志愿船观测数据表、BBX格式志愿船观测数据表等，具体数据库表结构见附件10。

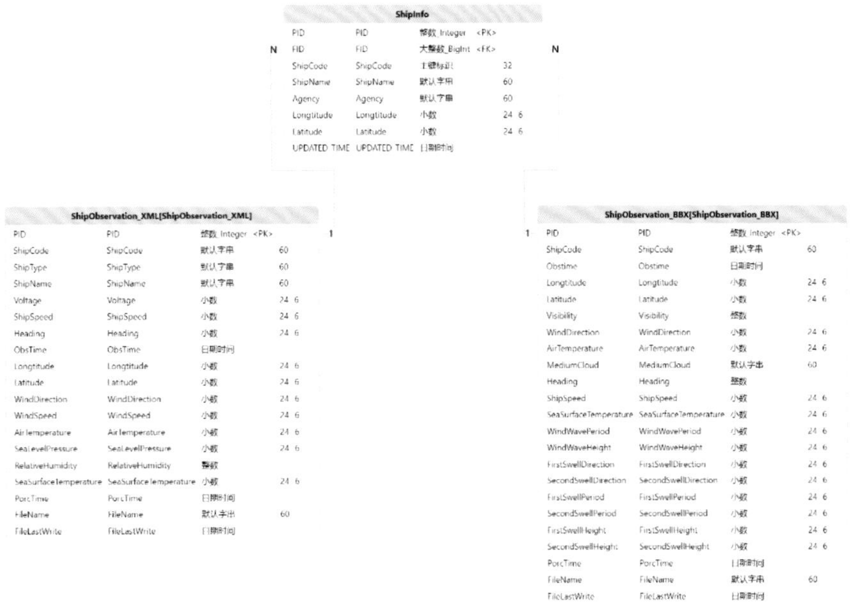

图4-13　志愿船观测数据库结构

4.2　网络发布观测数据采集

4.2.1　志愿船观测数据采集

志愿船观测数据的数据源是美国国家海洋与大气管理局国家浮标数据中心（NDBC）通过其网站发布的船舶观测数据。

志愿船观测主要是气象要素和海浪要素，其中气象要素包括风向、风速、阵风风速、海平面气压、变压趋势、气温、露点温度、能见度、总云量，海浪要素包括有效波高、主波周期、海表温度、第一/二涌高、涌向、周期。

4.2.1.1　页面分析

志愿船观测数据发布网址：http://www.ndbc.noaa.gov/ship_obs.php，图 4–14 为其发布页面。

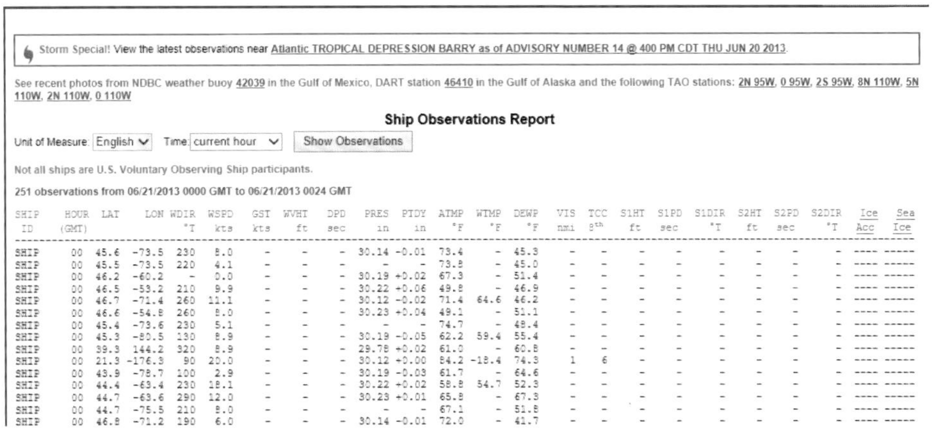

Storm Special! View the latest observations near Atlantic TROPICAL DEPRESSION BARRY as of ADVISORY NUMBER 14 @ 400 PM CDT THU JUN 20 2013.

See recent photos from NDBC weather buoy 42039 in the Gulf of Mexico, DART station 46410 in the Gulf of Alaska and the following TAO stations: 2N 95W, 0 95W, 2S 95W, 8N 110W, 5N 110W, 2N 110W, 0 110W

Ship Observations Report

Unit of Measure: English　Time: current hour　Show Observations

Not all ships are U.S. Voluntary Observing Ship participants.

251 observations from 06/21/2013 0000 GMT to 06/21/2013 0024 GMT

SHIP ID	HOUR (GMT)	LAT	LON	WDIR °T	WSPD kts	GST kts	WVHT ft	DPD sec	PRES in	PTDY in	ATMP °F	WTMP °F	DEWP °F	VIS nmi	TCC 8th	S1HT ft	S1PD sec	S1DIR °T	S2HT ft	S2PD sec	S2DIR °T	Ice Acc	Sea Ice
SHIP	00	45.6	-73.5	230	8.0	-	-	-	30.14	-0.01	73.4	-	45.3	-	-	-	-	-	-	-	-	----	-----
SHIP	00	45.5	-73.5	220	4.1	-	-	-	-	-	73.8	-	45.0	-	-	-	-	-	-	-	-	----	-----
SHIP	00	46.2	-60.2	-	0.0	-	-	-	30.19	+0.02	67.3	-	51.4	-	-	-	-	-	-	-	-	----	-----
SHIP	00	46.5	-53.2	210	9.9	-	-	-	30.22	+0.06	49.8	-	46.9	-	-	-	-	-	-	-	-	----	-----
SHIP	00	46.7	-71.4	260	11.1	-	-	-	30.12	-0.02	71.4	64.6	46.2	-	-	-	-	-	-	-	-	----	-----
SHIP	00	46.6	-54.8	260	8.0	-	-	-	30.23	+0.04	49.1	-	51.1	-	-	-	-	-	-	-	-	----	-----
SHIP	00	45.4	-73.6	230	5.1	-	-	-	-	-	74.7	-	48.4	-	-	-	-	-	-	-	-	----	-----
SHIP	00	45.3	-80.5	130	8.9	-	-	-	30.19	-0.05	62.2	59.4	55.4	-	-	-	-	-	-	-	-	----	-----
SHIP	00	39.3	144.2	320	8.9	-	-	-	29.78	+0.02	61.0	-	60.8	-	-	-	-	-	-	-	-	----	-----
SHIP	00	21.3	-176.3	90	20.0	-	-	-	30.12	+0.00	84.2	-18.4	74.3	1	6	-	-	-	-	-	-	----	-----
SHIP	00	43.9	-78.7	100	2.9	-	-	-	30.19	-0.03	61.7	-	64.6	-	-	-	-	-	-	-	-	----	-----
SHIP	00	44.4	-63.4	230	18.1	-	-	-	30.22	+0.02	58.8	54.7	52.3	-	-	-	-	-	-	-	-	----	-----
SHIP	00	44.7	-63.6	290	12.0	-	-	-	30.23	+0.01	65.8	-	67.3	-	-	-	-	-	-	-	-	----	-----
SHIP	00	44.7	-75.5	210	8.0	-	-	-	-	-	67.1	-	51.8	-	-	-	-	-	-	-	-	----	-----
SHIP	00	46.8	-71.2	190	6.0	-	-	-	30.14	-0.01	72.0	-	41.7	-	-	-	-	-	-	-	-	----	-----

图4-14　NDBC志愿船观测数据发布网页

数据发布网页提供针对不同单位和时区的数据选择菜单，在图4-14中的红色部分是计量单位选择，下拉框选项的"Metric"，将计量单位统一到公制单位，同时将时区统一到世界时，即UTC时间。

通过页面采集需处理后，需保存志愿船观测数据，主要包括如表4-16所示的内容。

表4-16　NDBC志愿船观测数据采集内容

字段	含义	备注
SHIP	ID	船舶ID
HOUR	观测小时	小时值，需配合采集时间生成完整的观测时间
LAT	纬度	北纬为正，南纬为负
LON	经度	东经为正，西经为负
WDIR	风向	单位为°
WSPD	风速	单位为m/s
GST	阵风风速	单位为m/s
WVHT	有效波高	单位为m
DPD	主波周期	单位为sec
PRES	海平面气压	单位为hPa
PTDY	变压趋势	单位为hPa（有正负之分）
ATMP	气温	单位为℃
WTMP	海表温度	单位为℃
DEWP	露点温度	单位为℃
VIS	能见度	单位为km
TCC	总云量	直接存储
S1HT	第一涌浪高	单位为m
S1PD	第一涌浪周期	单位为sec
S1DIR	第一涌浪向	单位为°
S2HT	第二涌浪高	单位为m
S2PD	第二涌浪周期	单位为sec
S2DIR	第二涌浪向	单位为°

4.2.1.2　技术路线

志愿船观测数据采集是针对志愿船观测数据发布页面结构，通过程序解析页面，提取对应数据信息，为保证业务化，将该过程按定时任务方式处理。

志愿船观测数据采集操作的目的是自动访问页面，提取志愿船观测数据信息，并要求能保证持续的业务化运行。

在志愿船观测数据采集过程中的操作（图4-15）可以细分为如下过程：

（1）启动页面采集操作前读取参数配置，包括启动时间间隔、页面地址、采集参数配置、日志记录等均以配置方式存储和管理；

（2）启动页面采集解析后，按照预定义的采集配置参数中的信息在指定页面中搜索，提取满足条件的志愿船观测记录以及对应的各种观测要素数据；

（3）一次页面解析处理后，若采集成功则将数据批量存储到志愿船观测数据库；若采集失败则记录失败原因并记录日志；

（4）等待下一次启动页面解析程序。

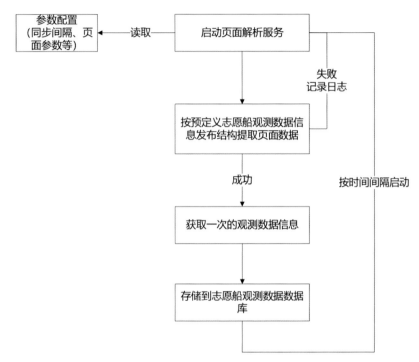

图4-15　志愿船观测数据信息发布页面解析处理流程

4.2.1.3　发布页面解析处理

通过分析发布页面，在页面解析处理中，重点是对待提取的信息进行定位，处理解析观测时间，再对志愿船观测记录进行提取，针对每条记录获取其观测要素，并最终存储到数据库。

1）页面信息定位

在页面中志愿船观测信息仅为其中一部分，需按照页面 DOM 结构进行分析，对待提取的信息准确定位，按照预先分析，需提取观测时间和志愿船观测记录两部分信息。

解析请求的页面地址为：http://www.ndbc.noaa.gov/ship_obs.php?uom=M&time=0。

页面定位时间信息如图 4-16 所示。该部分在页面结构中的定位可通过如下表达：html/body/table[@width='700']/tr/td[@valign='top']/p/span/b。在提取观测时间时，通过正则表达式方式匹配，其表达式定义如下：

.*from\s(?<from>\d{2}/\d{2}/\d{4}\s\d{2})\d{2}\sGMT\sto\s(?<to>\d{2}/\d{2}/\d{4}\s\d{2})\d{2}\sGMT。

在正则表达式提取时间后需要对时间进行拼接处理并进行验证，确保时间符合标准。

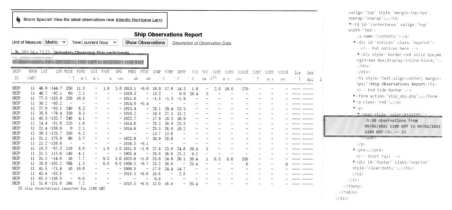

图4-16　发布页面中观测时间页面结构

　　页面定位志愿船观测记录如图 4-17 所示。该部分在页面结构中的定位可通过如下表达：html[1]/body[1]/table[2]/tr[1]/td[3]/pre。在提取观志愿船观测记录时，通过依次捕获 span 标签（每个 span 标签标识一条志愿船观测记录），并按索引提取要素的观测信息。

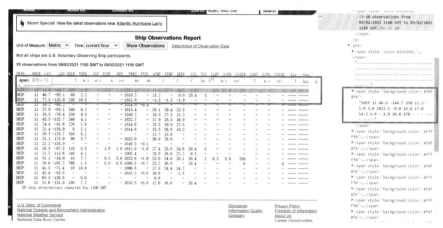

图4-17　发布页面中志愿船观测记录页面结构

　　上述页面分析结果通过预定义方式存储在配置文件中，在解析程序启动时读取使用，这样做的好处是在页面结构不大幅度调整时，可增加解析程序的灵活性。志愿船的配置文件如图 4-18 所示。

```xml
<ship>
  <url><![CDATA[http://www.ndbc.noaa.gov/ship_obs.php?uom=M&time=0]]></url>
  <time>
    <node><![CDATA[html/body/table[@width='700']/tr/td[@valign='top']/p/span/b]]></node>
    <regex><![CDATA[.*from\s(?<from>\d{2}/\d{2}/\d{4}\s\d{2}:\d{2})\sGMT\sto\s(?<to>\d{2}/\d{2}/\d{4}\s\d{2}:\d{2})\d{2}\sGMT]]></regex>
  </time>
  <dataNode><![CDATA[/html[1]/body[1]/table[2]/tr[1]/td[3]/pre]]></dataNode>
  <rowNode><![CDATA[span]]></rowNode>
  <fields>
    <field name="LATITUDE" index="2" type="Lat" />
    <field name="LONGITUDE" index="3" type="Lon" />
    <field name="WDIR" index="4" />
    <field name="WSPD" index="5" />
    <field name="GST" index="6" />
    <field name="WVHT" index="7" />
    <field name="DPD" index="8" />
    <field name="PRES" index="9" />
    <field name="PTDY" index="10" />
    <field name="ATMP" index="11" />
    <field name="WTMP" index="12" />
    <field name="DEWP" index="13" />
    <field name="VIS" index="14" />
    <field name="TCC" index="15" />
    <field name="S1HT" index="16" />
    <field name="S1PD" index="17" />
    <field name="S1DIR" index="18" />
    <field name="S2HT" index="19" />
    <field name="S2PD" index="20" />
    <field name="S2DIR" index="21" />
  </fields>
</ship>
```

图4-18　志愿船页面解析配置文件

2）页面解析代码实例（节选）

上述页面解析核心部分的代码如图 4–19 和图 4–20 所示，代码由 Microsoft Visual C# 编写，需 HtmlAgilityPack HTML 解析类库支持。

```csharp
#region 时间

XmlNode timeNode = _xmlNode.SelectSingleNode("time");
Regex regex = new Regex(timeNode["regex"].InnerText);
string time = node.SelectSingleNode(timeNode["node"].InnerText).InnerText;
GroupCollection groups = regex.Match(time).Groups;
string fromText = groups["from"].Value;
string toText = groups["to"].Value;

DateTime fromDatetime = DateTime.Parse(fromText + ":00:00");
DateTime toDatetime = DateTime.Parse(toText + ":00:00");

#endregion

#region 基础信息表数据

List<InfoModel> infoModelList = new InfoCollection<InfoModel>(_db).GetList(_infoTableName);

#endregion

#region 表格数据

string value = string.Empty, type = string.Empty;

XmlNodeList fieldsNodeList = _xmlNode["fields"].ChildNodes;
HtmlAgilityPack.HtmlNodeCollection dataNodes = node.SelectNodes(_xmlNode["dataNode"].InnerText);
for (int i = 0, len = dataNodes.Count; i <= len - 1; i++)
{
    // 行记录集合
    List<DataFieldHelper> shipDataList = new List<DataFieldHelper>();
    DateTime curtTime = toDatetime.AddHours(-i);
    int curtHour = curtTime.Hour;

    HtmlAgilityPack.HtmlNode tableNode = dataNodes[i];
    HtmlAgilityPack.HtmlNodeCollection rowNodes =
tableNode.SelectNodes(_xmlNode["rowNode"].InnerText);

    #region 行数据

    for (int j = 1, rowCount = rowNodes.Count; j <= rowCount - 1; j++)
    {
        string rowText = rowNodes[j].InnerText;
        string[] fieldsText = Regex.Split(rowText, @"\s+");
        int dataHour = int.Parse(fieldsText[1]);
        if (curtHour != dataHour)
        {
            // 小时数不相等，预防某个小时无数据情况
            break;
        }

        // 行对象
        DataFieldHelper dataModelHelper = new DataFieldHelper(curtTime.AddHours(8));

        dataModelHelper.DataTableName = _dataTableName;
        dataModelHelper.InfoTableName = _infoTableName;
        dataModelHelper.SeqDataName = _seqData;
        dataModelHelper.SeqInfoName = _seqInfo;
```

图4-19　志愿船观测信息发布页面采集程序代码（核心部分1）

```
// FID
dataModelHelper.DataList.Add(new DataField("DATATIME",string.Format("TO_DATE('{0}',
'yyyy-mm-dd hh24:mi:ss')", curtTime.AddHours(8).ToString("yyyy-MM-dd HH:00:00"))));

#region 列数据

foreach (XmlNode fieldNode in fieldsNodeList)
{
    // 注释为: Comment
    if (fieldNode.NodeType != XmlNodeType.Element) continue;

    value = fieldsText[int.Parse(fieldNode.Attributes["index"].Value)];
    if (Ocean.Utility.Validator.IsNumber(value))
    {
        // 字段对象
        DataField field = null;
        type = string.Empty;
        if (fieldNode.Attributes["type"] != null)
        {
            type = fieldNode.Attributes["type"].Value;
        }
        if (!string.IsNullOrEmpty(type))
        {
            if (FieldType.Lon.ToString().ToUpper() == type.ToUpper())
            {
                dataModelHelper.Longitude = float.Parse(value);
            }
            else if (FieldType.Lat.ToString().ToUpper() == type.ToUpper())
            {
                dataModelHelper.Latitude = float.Parse(value);
            }
        }
        field = new DataField(fieldNode.Attributes["name"].Value, value);
        dataModelHelper.DataList.Add(field);
    }
}

shipDataList.Add(dataModelHelper);

#endregion
}

#endregion

SaveData(shipDataList, infoModelList);
}

#endregion
```

图4-20 志愿船观测信息发布页面采集程序代码（核心部分2）

4.2.2 浮标观测数据采集

浮标测数据的数据源是美国国家海洋与大气管理局国家浮标数据中心（NDBC）通过其网站发布的浮标观测数据。

浮标观测主要是气象要素和海浪要素，其中气象要素主要包括风向、风速、阵风风速、海平面气压、变压趋势、气温、露点温度、能见度；波浪要素主要包括有效波高、主波周期、海表温度、水位、涌高、涌向、涌周期、风浪高、风浪向、风浪周期。

4.2.2.1 页面分析

浮标观测数据发布网页中集成了多个国家和机构的浮标站位，下面仅以KMA的浮标观测数据采集为例，其浮标站位如图4-21所示。

Korean Meteorological Administration Stations

22101   22102   22103   22104   22105   22106   22107   22108

图4-21 KMA浮标站位列表

所有 KMA 浮标数据发布页面结构是一致的，以 22106 浮标为例，其观测数据在页面上发布如图 4-22 所示。

**Conditions at 22106 as of
0200 GMT on 09/03/2021:**

Unit of Measure: Metric ▾   Time Zone: Greenwich Mean Time [GMT] ▾   Select

Click on the graph icon in the table below to see a time series plot of the last five days of that observation.

◺	Air Temperature (ATMP):	25.3 °C
◺	Water Temperature (WTMP):	25.4 °C
◺	Wind Speed (WSPD):	8.0 m/s
◺	Wind Direction (WDIR):	NE (40 deg)

Data from this station are not quality controlled by NDBC

Previous 25 observations

MM	DD	HHMM GMT	LAT deg	LON deg	WDIR	WSPD m/s	GST m/s	PRES mb	PTDY mb	ATMP °C	WTMP °C
09	03	0100	36.35	129.78	NE	7	-	-	-	25.0	25.3
09	03	0000	36.35	129.78	NE	8	-	-	-	24.8	25.3
09	02	2300	36.35	129.78	NE	9	-	-	-	25.3	25.3
09	02	2200	36.35	129.78	ENE	8	-	-	-	25.0	25.3
09	02	2100	36.35	129.78	ENE	8	-	-	-	25.1	25.5
09	02	2000	36.35	129.78	ENE	6	-	-	-	25.1	25.5
09	02	1900	36.35	129.78	ENE	6	-	-	-	25.0	25.8
09	02	1800	36.35	129.78	ENE	3	-	-	-	24.4	25.8
09	02	1700	36.35	129.78	NE	3	-	-	-	25.1	25.8
09	02	1600	36.35	129.78	NE	3	-	-	-	24.9	25.8
09	02	1500	36.35	129.78	ENE	2	-	-	-	24.9	25.8
09	02	1400	36.35	129.78	E	2	-	-	-	24.9	25.7
09	02	1300	36.35	129.78	ENE	2	-	-	-	24.9	25.7
09	02	1200	36.35	129.78	E	3	-	-	-	23.6	25.8
09	02	1100	36.35	129.78	E	4	-	-	-	24.7	25.7
09	02	1000	36.35	129.78	ENE	4	-	-	-	24.6	25.7
09	02	0900	36.35	129.78	ENE	4	-	-	-	24.9	25.7
09	02	0800	36.35	129.78	ENE	6	-	-	-	24.8	25.6
09	02	0700	36.35	129.78	ENE	6	-	-	-	24.9	25.5
09	02	0600	36.35	129.78	ENE	5	-	-	-	24.8	25.3
09	02	0500	36.35	129.78	NE	5	-	-	-	24.7	25.3
09	02	0400	36.35	129.78	ENE	6	-	-	-	24.6	25.1
09	02	0300	36.35	129.78	NE	5	-	-	-	24.6	25.2
09	02	0200	36.35	129.78	ENE	7	-	-	-	24.7	25.1

图4-22 22106浮标观测发布页面

数据发布网页提供针对不同单位和时区的数据选择菜单，在图 4-22 中的红色部分是计量单位选择，下拉框选项的 "Metric"，将计量单位统一到公制单位，同时将时区统一到世界时，即 UTC 时间。

通过页面采集需处理后，需保存浮标观测数据，KMA 浮标页面发布的以气象要素为主，如表 4-17 所示内容。

表4-17　KMA浮标观测数据采集字段

字段	含义	备注
MM	月份	
DD	日期	
HHMM	小时分钟	
LAT	纬度	北纬为正，南纬为负
LON	经度	东经为正，西经为负
WDIR	风向	这里用的是方位表示的，请解析时候转换为°
WSPD	风速	单位为 m/s
GST	阵风风速	单位为 m/s
PRES	海平面气压	单位为 hPa
PTDY	变压趋势	单位为 hPa（有正负之分）
ATMP	气温	单位为℃
WTMP	海表温度	单位为℃

4.2.2.2　技术路线

　　浮标观测数据采集主要是针对浮标观测数据发布页面结构，通过程序解析页面，提取对应数据信息，为保证业务化，需将该过程按定时任务方式处理，其处理流程如图4-23所示。

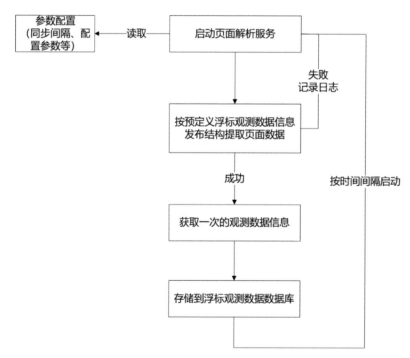

图4-23　浮标观测数据信息发布页面解析处理流程

　　浮标观测数据采集操作的目的是自动访问页面，提取浮标观测数据信息，并要求能保证持续的业务化运行。

在浮标观测数据采集过程中的操作可以细分为如下过程：

（1）启动页面采集操作前读取参数配置，包括启动时间间隔、页面地址、采集参数配置、日志记录等均以配置方式存储和管理；

（2）启动页面采集解析后，按照预定义的采集配置参数中的信息在指定页面中搜索，提取满足条件的浮标观测记录以及对应的各种观测要素数据；

（3）一次页面解析处理后，若采集成功则将数据批量存储到浮标观测数据库；若采集失败则记录失败原因并记录日志；

（4）等待下一次启动页面解析程序。

4.2.2.3 发布页面解析处理

通过分析发布页面，在页面解析处理中，重点是对待提取的信息进行定位，包括浮标位置、观测时间和观测要素等，通过一次采集获取最近一段时间内的观测记录，存储到数据库，并按配置的时间间隔重复执行发布页面解析处理。

1）页面信息定位

KMA 浮标的每个发布页面结构是相同的，在单个浮标信息提取中，需要定位的部分包括浮标位置、浮标观测时间、浮标最近观测记录 3 部分。

以 KMA 的 22106 浮标为例，解析请求的页面地址为：http://www.ndbc.noaa.gov/station_page.php?station=22106&unit=M&tz=GMT。

在页面中浮标位置信息如图 4-24 所示。

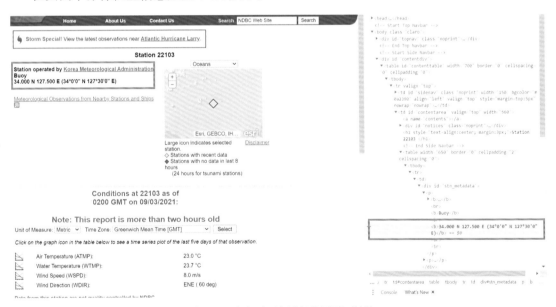

图4-24　发布页面中浮标位置页面结构

在提取位置信息时，通过正则表达式方式匹配，其表达式定义如下：(?<lat>.*) [S|N|W|E] (?<lon>.*) [W|E|S|N]。

在页面中浮标时间信息如图 4-25 所示。

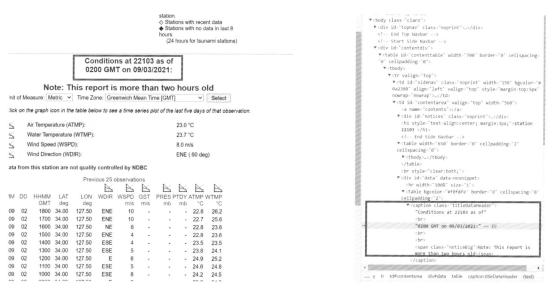

图4-25　发布页面中观测时间页面结构

在提取时间信息时，通过正则表达式方式匹配，其表达式定义如下：of(?<h>\d{1,2})(?<m>\d{2}) GMT on (?<M>\d{1,2})/(?<d>\d{1,2})/(?<y>\d{2,4})。

在正则表达式提取时间后需要对时间进行拼接处理并进行验证，确保时间符合标准。

在页面中浮标最近观测记录信息如图 4-26 所示。

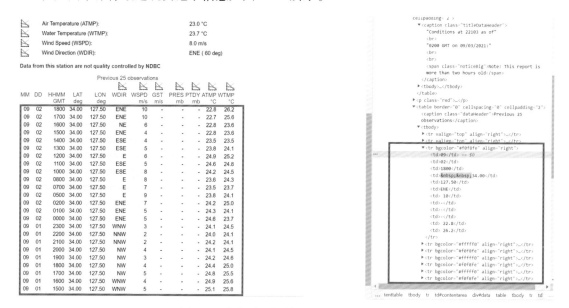

图4-26　发布页面中浮标观测记录页面结构

通过分析页面结构可以发现，每一条浮标观测记录在 <tr> 标签内，通过 <td> 标签存储各观测要素。可以通过嵌套循环方式获取 <tr> 和 <td> 标签来提取对应观测时间的各个要

素。在浮标数据采集中采用和志愿船类似的方式，通过预定义方式将配置参数存储到文件中，KMA 浮标采集的配置文件如图 4-27 所示。

```xml
<buoy>
   <url><![CDATA[http://www.ndbc.noaa.gov/station_page.php?station={0}&unit=M&tz=GMT]]></url>
   <root><![CDATA[html[1]/body[1]/table[2]/tr[1]/td[3]]]></root>
   <location>
     <node><![CDATA[table[1]/tr[1]/td[1]/p[1]]]></node>
     <regex><![CDATA[(?<lat>.*) [S|N|W|E] (?<lon>.*) [W|E|S|N] \(]]></regex>
   </location>
   <time>
     <node><![CDATA[table[2]/caption]]></node>
     <regex><![CDATA[of(?<h>\d{1,2})(?<m>\d{2}) GMT on (?<M>\d{1,2})/(?<d>\d{1,2})/(?<y>\d{2,4})]]>
</regex>
   </time>
   <infoext>
     <node><![CDATA[table[1]/tr[1]/td[1]/p[1]]]></node>
     <field name="Owned" regex="Owned and maintained by (.*)" type="Other" />
     <field name="SiteElevation" regex="Site elevation: (.*) m (below|above) .*" />
     <field name="AnemometerHeight" regex="Anemometer height: (.*) m (below|above) .*" />
     <field name="BarometerElevation" regex="Barometer elevation: (.*) m (below|above) .*" />
     <field name="WaterDepth" regex="Water depth: (.*) m" />
     <field name="WatchCircleRadius" regex="Watch circle radius: (.*) m " />
   </infoext>
   <infotable>
     <table>NDBCBUOYINFO</table>
     <seq>SEQ_NDBCBUOYINFO</seq>
   </infotable>
   <stations>
     <code>22101,22102,22103,22104,22105,22106,22107,22108</code>
     <data>
     <node><![CDATA[table[3]/tr[{0}]/td]]></node>
     <regex><![CDATA[td]]></regex>
     <start>3</start>
     <end>50</end>
     <datatable>
        <table>NDBCBUOYDATA</table>
        <seq>SEQ_NDBCBUOYDATA</seq>
        <part>NDBCBUOYDATA{0}</part>
     </datatable>
     <field index="1" name="MM" type="MM" />
     <field index="2" name="DD" type="DD" />
     <field index="3" name="DATETIME" type="Time" />
     <field index="4" name="LATITUDE" type="Lat" />
     <field index="5" name="LONGITUDE" type="Lon" />
     <field index="6" name="WDIR" type="WindDirection"></field>
     <field index="7" name="WSPD"></field>
     <field index="8" name="GST"></field>
     <field index="9" name="PRES"></field>
     <field index="10" name="PTDY"></field>
     <field index="11" name="ATMP"></field>
     <field index="12" name="WTMP"></field>
     </data>
   </stations>
</buoy>
```

图4-27　浮标页面解析配置文件

1）页面解析代码实例（节选）

上述页面解析核心部分的代码如图 4-28 ～图 4-32 所示，代码由 Microsoft Visual C# 编写，需 HtmlAgilityPack HTML 解析类库支持。

```
HtmlAgilityPack.HtmlWeb web;
HtmlAgilityPack.HtmlDocument document;
HtmlAgilityPack.HtmlNode node, rootNode;
DateTime curtTime;
string tdPath, month = "0", day = "1", time = "00:00:00 am", value;
float lonValue = float.MinValue, latValue = float.MinValue;
int start, end;
Regex htmlSpaceRegex = new Regex(@" ");
Regex spaceRegex = new Regex(@"\s");
DataFieldHelper dataModelHelper = null;
XmlConfigModel.DataConfig dataList;
List<BuoyInfoModel> infoModelList;

try
{
    xmlConfig = new XmlConfigModel(_xmlNode);

    #region 基础信息表数据

    infoModelList = new InfoCollection<BuoyInfoModel>(_db).GetList(xmlConfig.InfoTable.TableName);

    #endregion
}
catch
{
    Log("加载基础站点或配置信息失败。");
    return;
}

foreach (XmlConfigModel.StationsConfig stationConfig in xmlConfig.StationList)
{
    foreach (string code in stationConfig.CodeList)
    {
        latValue = lonValue = float.MinValue;
        List<DataFieldHelper> stationDataList;
        string url = string.Format(xmlConfig.Url, code);
        Log(string.Format("加载站点页面：{0}", code));

        try
        {
            web = new HtmlAgilityPack.HtmlWeb();
            document = web.Load(url);
            node = document.DocumentNode;
            rootNode = node.SelectSingleNode(xmlConfig.Root);
        }
        catch
        {
            document = null;
            web = null;
            Log(string.Format("加载失败{0}", Environment.NewLine));
            continue;
        }
        finally
        {
            Log(string.Format("加载耗时：{0}毫秒", sw.ElapsedMilliseconds));
        }
```

图4-28　浮标观测信息发布页面采集程序代码（核心部分1）

```
try
{
    #region 时间

    GroupCollection timeGC = GetRegex(rootNode, xmlConfig.TimeRegex);
    if (timeGC == null)
    {
        throw new Exception(string.Format("无数据或DOM结构变化（{0}）", url));
    }
    string timeText = string.Format("{0}-{1}-{2} {3}:{4}:00",
        timeGC["y"].Value, timeGC["M"].Value, timeGC["d"].Value,
        timeGC["h"].Value, timeGC["m"].Value);
    curtTime = Convert.ToDateTime(timeText);

    #endregion

    #region 基础站点扩展属性

    Dictionary<string, string> infoExtDictionary = new Dictionary<string, string>();
    if (_isUpdataInfo)
    {
        string infoExtText = rootNode.SelectSingleNode(xmlConfig.InfoExt.Node).InnerText;
        string[] arrInfoExt = Regex.Split(infoExtText, @"\n\t\t");

        foreach (string ext in arrInfoExt)
        {
            foreach (XmlConfigModel.FieldConfig fc in xmlConfig.InfoExt.FieldList)
            {
                if (string.IsNullOrEmpty(ext)) continue;

                //if (ext.IndexOf(fc.Name) == -1) continue;

                Match match = Regex.Match(ext, fc.Regex);
                if (!match.Success)
                {
                    continue;
                }
                if (match.Groups.Count == 2)
                {
                    infoExtDictionary.Add(fc.Name, match.Groups[1].Value);
                    break;
                }
                if (match.Groups.Count == 3)
                {
                    string v = match.Groups[2].Value == "above" ? string.Empty : "-";
                    infoExtDictionary.Add(fc.Name, v + match.Groups[1].Value);
                    break;
                }
            }
        }
    }

    #endregion
```

图4-29 浮标观测信息发布页面采集程序代码（核心部分2）

```
#region 数据页面解析

dataModelHelper = null;

for (int dataIndex = 0; dataIndex <= stationConfig.DataConfigList.Count - 1;
dataIndex++)
    {
        stationDataList = new List<DataFieldHelper>();
        // 数据块循环
        dataList = stationConfig.DataConfigList[dataIndex];

        start = dataList.Start;
        end = dataList.End;

        for (int rowIndex = start; rowIndex <= end; rowIndex++)
        {
            #region 行循环

            tdPath = string.Format(dataList.Node, rowIndex);

            HtmlAgilityPack.HtmlNodeCollection tdNodeCollection =
rootNode.SelectNodes(tdPath);
            if (tdNodeCollection == null)
                break;

            dataModelHelper = new DataFieldHelper();

            DataField dataFieldModel = null;

            #region 列数据处理

            foreach (XmlConfigModel.FieldConfig fc in dataList.FieldList)
            {
                // 列循环
                if (fc.Index > tdNodeCollection.Count)
                {
                    continue;
                }

                #region 数据处理类型判断

                value = tdNodeCollection[fc.Index - 1].InnerText;
                value = htmlSpaceRegex.Replace(value, " ").Trim();
                switch (fc.Type)
                {
                    case FieldType.MM:
                        month = value;
                        continue;
                    case FieldType.DD:
                        day = value;
                        continue;
                    case FieldType.Time:
                    case FieldType.HHMM:
                        time = value.Insert(2, ":") + ":00";
                        continue;
                    case FieldType.Lon:
                        float.TryParse(value, out lonValue);
                        continue;
                    case FieldType.Lat:
                        float.TryParse(value, out latValue);
```

图4-30　浮标观测信息发布页面采集程序代码（核心部分3）

```
            case FieldType.Lon:
                float.TryParse(value, out lonValue);
                continue;
            case FieldType.Lat:
                float.TryParse(value, out latValue);
                continue;
            case FieldType.WindDirection:
                float? dirt = WDIRConvert.Conver(value);
                if (!dirt.HasValue)
                {
                    continue;
                }
                value = dirt.Value.ToString();
                break;
            case FieldType.Other:
                value = string.Format("'{0}'", value);
                break;
            default:
                if (!Validator.IsNumber(value))
                {
                    continue;
                }
                break;
        }

        dataFieldModel = new DataField(fc.Name, value);
        dataModelHelper.DataList.Add(dataFieldModel);

        #endregion
}

#endregion

dataModelHelper.DataTableName = dataList.DataTable.TableName;
dataModelHelper.InfoTableName = xmlConfig.InfoTable.TableName;
dataModelHelper.SeqDataName = dataList.DataTable.SEQName;
dataModelHelper.SeqInfoName = xmlConfig.InfoTable.SEQName;

#region 行时间处理

DateTime rt = Convert.ToDateTime(string.Format("{0}-{1}-{2} {3}",
    curtTime.Year, month, day, time));
// 处理跨年情况
if (rt > curtTime)
{
    rt.AddYears(-1);
}

dataModelHelper.CurrentDateTime = rt.AddHours(8);
dataFieldModel = new DataField("DATATIME",
    string.Format("TO_DATE('{0}', 'yyyy-mm-dd hh24:mi:ss')",
        dataModelHelper.CurrentDateTime.ToString("yyyy-MM-dd HH:mm:00")));

dataModelHelper.DataList.Add(dataFieldModel);

#endregion
```

图4-31　浮标观测信息发布页面采集程序代码（核心部分4）

```
                #region 经纬度

                if (latValue == float.MinValue)
                {
                    GroupCollection locationGC = GetRegex(rootNode, xmlConfig.LocationRegex);
                    if (locationGC == null)
                    {
                        throw new Exception(string.Format("解析经纬度异常（{0}）", code));
                    }

                    string strLon = locationGC["lon"].Value;
                    if (!string.IsNullOrEmpty(strLon))
                    {
                        float.TryParse(strLon, out lonValue);

                        string we = locationGC["we"].Value;
                        if ("w" == we.ToLower() && lonValue > 0)
                        {
                            lonValue = -lonValue;
                        }
                    }
                    string strLat = locationGC["lat"].Value;
                    if (!string.IsNullOrEmpty(strLat))
                    {
                        float.TryParse(strLat, out latValue);
                    }
                }

                dataFieldModel = new DataField("LONGITUDE", lonValue.ToString());
                dataModelHelper.DataList.Add(dataFieldModel);
                dataFieldModel = new DataField("LATITUDE", latValue.ToString());
                dataModelHelper.DataList.Add(dataFieldModel);

                dataModelHelper.Longitude = lonValue;
                dataModelHelper.Latitude = latValue;

                #endregion

                stationDataList.Add(dataModelHelper);

                #endregion
            }

            BuoyInfoModel infoModel = GetInfoModel(dataModelHelper, infoModelList, code,
infoExtDictionary);

            SaveData(stationDataList, infoModel, dataList);
        }

        #endregion
    }
    catch (Exception ex)
    {
        continue;
    }
    finally
    {
        document = null;
        web = null;
    }
}
```

图4-32　浮标观测信息发布页面采集程序代码（核心部分5）

第 5 章　海洋环境场要素可视化表达

海洋环境信息作为海洋防灾减灾、海洋经济发展的重要数据支撑，是海洋信息化建设的重要组成部分。海洋环境场不同于传统单一维度的标量场，其海洋现象或对象间的拓扑关系更为复杂、维度更高、数据量更加庞大，因而传统的二维可视化手段已经无法满足海洋环境场要素更高维度的可视化表达需求。为此，本章在详细分析了可视化理论机制、关键技术及实现方法的基础上，开展了海温、海盐、海流、海浪等海洋环境场要素的多维动态可视化表达方法研究，为海洋环境信息可视化及海洋科学问题研究提供了重要技术参考和方法支持。

5.1　可视化概况

可视化是运用计算机图形学和图像处理技术，将科学计算的数据结果转换为图形及图像在屏幕上显示出来并进行交互处理的理论、方法和技术。将可视化用于海洋环境信息的表达，能够帮助人们在杂乱无章的数据中，发现海洋现象的规律，为开展海洋领域的研究提供科学合理的依据。在海洋学领域，可视化技术主要包括信息可视化和科学计算可视化。但随着海洋科学计算的数据越来越庞大，形象展示大规模数据中所蕴含信息的能力也变得异常困难，因此特征可视化也逐渐被提出。

5.1.1　信息可视化

信息可视化随着计算机和网络技术的广泛应用应运而生，是一门将信息和数据转换为人们可以直观、形象理解的图形或图表表达方式，从而为用户提供更为快捷、有效的服务，是计算机和用户之间的一大类交叉活动。

目前，计算机网络上的资源越来越多，存储数据量越来越大，可视化技术不仅能够将访问的结果用图像来表示，而且可以用图像来表示各个部分之间的关系，来指导和加速查找的过程。目前，随着该项技术的不断发展，其研究内容涉及了层次信息可视化、多维数据可视化、时变数据可视化等多个应用领域，而海洋数据可视化作为信息可视化的主要应用方向，采用 OpenGL、Direct 3D 等三维虚拟现实技术，可实时模拟海流、海温、盐度、密度、海洋风场等多种海洋环境要素，为海洋现象的解释、机理研究、规律发现等提供重要手段和技术方法。

5.1.2 科学计算可视化

科学计算可视化是发达国家在20世纪80年代后期提出的一个新的研究领域，它的出现是当代科学技术飞速发展的结果。科学计算可视化研究如何通过各种渠道获得的科学数据转化成可视的、能帮助科学家理解的信息计算方法。科学计算可视化已经成为当前计算机学科的一个重要研究方向，已广泛应用于自然科学领域的各个方面，同时在工程技术领域也得到了有效应用。

科学计算可视化运用计算机图形学和图像处理技术，将科学计算过程的数据及计算结果转换为图形或者图像在屏幕上显示出来，并结合交互处理的理论、方法、技术。也就是说，科学计算可视化将图形生成技术，图像处理技术和人机交互技术有机的结合在一起，实现从复杂的多维数据中产生图形。同时，也可以分析和理解存入到计算机中的图像数据（图5-1）。而且，随着科学技术的发展，科学计算可视化的含义已经扩大。它不仅包括了科学计算数据的可视化，还包括工程数据的可视化以及试验和测量数据的可视化。

计算流体力学领域的主要研究方向可分为科学计算（求解算法）与可视化（描述复杂矢量场技术）两部分。它的研究实质上是一种理论研究，其主要目标是对液体流的仿真，随着超级计算机的应用，计算流体动力学仿真的精度和复杂性提高很快，例如，目前已经可对复杂几何形状的三维Navier Strokes流进行仿真。此类计算的可视化技术是理解仿真信息的丰富内涵的关键。流场仿真可视化是技术进步的瓶颈所在。另外，大量输入数据的组织和三维矢量场映射的复杂性在流体动力学可视化技术中也是极具挑战性的问题。可以预见，流体动力学研究将越来越依赖可视化技术，使计算流体力学科学家更好地、直观地理解超级计算机仿真结果的实质。在有限元分析中，应用可视化技术可实现形体的网络剖分及有限元分析结果数据的图形显示，即所谓有限元分析的前后处理，并根据分析结果实现网络剖分的优化，使计算结果更加可靠和精确。

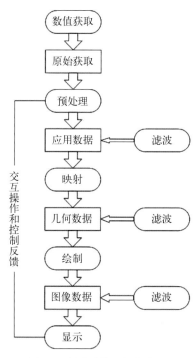

图5-1　科学计算可视化流程

5.1.3 特征可视化

特征可视化作为新一代的分析工具，对于发展海洋信息可视化，即利用特征可视化的理论、技术和方法对海洋及海洋中发生的现象进行直接观察、研究和探索，具有重要的理论和现实意义。

特征可视化是 20 世纪 90 年代初提出的，20 世纪 90 年代中期得到迅速发展的一种全新思路的向量场可视化方法。基于特征的可视化是指从数据集中抽取有意义的结构、模式或用户感兴趣的区域—特征，得到高度抽象的场信息，即根据具体应用及研究的需要定义，抽取及可视化特征。

自 20 世纪 90 年代中期以来，特征可视化在 3 个方面取得了重要进展：第一，Helman 和 Hesselink 提出的，通过识别和分类一阶奇点（即简单临界点）抽取向量场拓扑的方法，被扩展到了高阶奇点，实现了对非线性向量场拓扑的可视化。这一进展把自动抽取特征的范围扩大到场中较精细的结构，如缓慢弱小的旋涡等，并可定量地描述特征属性，为发展基于选择的特征可视化创造了条件。第二，提出了通过对标量场做向量化处理，增强及抽取标量场拓扑结构的方法。这一进展弥补了此前多利用构建等值面提取向量场特征所带来的不够精确和难以选择的缺点，将标量场的特征抽取纳入到向量场特征可视化的统一处理构架。由于在海洋学中，温度、盐度、密度场反映了海水温度、盐度和密度基本海洋要素时空分布及变化的规律，是最基本的海洋信息场，这项发展对于开展海洋领域的应用具有特别的价值。第三，提出了时变可视化（Time Varying Visualization）的概念和处理时变场可视化的方法。其中 Silver 和 Wang 给出了可视化时变数据场的通用框架和算法，并将特征抽取和量化作为跟踪显示时变对象演变过程的主要部分。这表明，带有属性量化功能的特征可视化已可应用于四维的时变场，并成为当前处理时变场可视化的主要方法，是一项重大进展。

除了上述三项外，为了能在不同细节层次上显示向量场的拓扑结构，近年来，多种关于向量场的简化表示、向量场拓扑的简化表示的理论与方法被提出，也是可视化研究中的一个热点。

特征可视化方法包括流场中特征结构跟踪的可视化、基于选择的特征可视化和向量场拓扑结构分析法 3 种方法，三者在海洋流场信息提取上都采取了相应的应用，其中拓扑分析方法较另两种方法适应范围更广，更能辅助另两种方法实现特征可视化，因此更加研究和实用意义。

5.2 可视化映射方法

5.2.1 直接映射法

直接映射法是指在不需要预处理的基础上就能实现的流场可视化方法。通常应用在整个区域，属于全局可视化。图标法中包括图标法、线图标法和面图标法。其中，线图标法也被认为是基于几何的可视化方法，面图标法主要应用于三维的情况。点图标法是最简单、最直观的矢量场数据映射方法。

直接映射法有多种，其中最典型的有两种方法，一是颜色编码法，二是点图标法。

5.2.1.1 点图标法

点图标法是利用箭头、有向线段等元素的方向、长短、粗细等属性表达流场的大小和方向的方法，具有简单易行、生成速度快等优点，但同时又缺乏连续性。当给定的数据比较密集时，箭头或有向线段杂乱无章，互相叠加，相反比较稀疏时流场特征不能被捕捉，重要的特征信息被忽略。在点图标映射方法中，往往采用 Direct 3D 的绘图手段与 LOD 细节层次技术实现可视化的表达。

以箭头点图标为例，箭头是最容易实现，并且表达效率较高的一种方法。将数据映射为箭头图标过程中，为了消除箭头杂乱交叉现象，定义箭头长度为网格大小的 1/2，起始点为所在网格的中心点，根据当前网格 UV 方向，确定箭头的终点，并将当前所在网格流速的大小映射为箭头的颜色。根据如上所述，确定箭头数据结构包括为起始点 s 坐标、终止点 e 坐标、侧点 $s1$ 坐标、侧点 $s2$ 坐标以及当前网格流速。

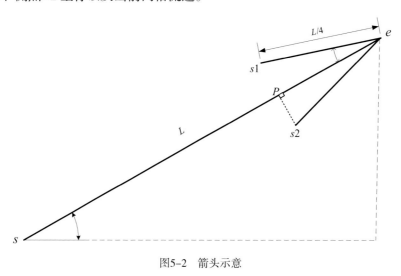

图5-2 箭头示意

终止点 e 的坐标计算如式（5-1）所示：

$$\begin{cases} e.x = s.x + \Delta x \\ e.y = s.y + \Delta y \end{cases} \tag{5-1}$$

侧点 $s1$，$s2$ 的坐标如表 5-1 所示：

表 5-1 流向侧点坐标

流向	侧点 $s1$	侧点 $s2$
$\left(0, \dfrac{\pi}{2}\right)$ 或 $\left(\pi, \dfrac{3}{2}\pi\right)$	$\begin{cases} s1.x = p.x - \dfrac{L/4 * \cos\alpha}{L} * \Delta y \\ s1.y = p.y + \dfrac{L/4 * \cos\alpha}{L} * \Delta x \end{cases}$	$\begin{cases} s2.x = p.x + \dfrac{L/4 * \cos\alpha}{L} * \Delta y \\ s2.y = p.y - \dfrac{L/4 * \cos\alpha}{L} * \Delta x \end{cases}$

续表

流向	侧点 $s1$	侧点 $s2$
$\left(\dfrac{\pi}{2},\pi\right)$ 或 $\left(\dfrac{3}{2}\pi,2\pi\right)$	$\begin{cases} s1.x=p.x+\dfrac{L/4*\cos\alpha}{L}*\Delta y \\[2mm] s1.y=p.y+\dfrac{L/4*\cos\alpha}{L}*\Delta x \end{cases}$	$\begin{cases} s2.x=p.x-\dfrac{L/4*\cos\alpha}{L}*\Delta y \\[2mm] s2.y=p.y-\dfrac{L/4*\cos\alpha}{L}*\Delta x \end{cases}$
0 或 π	$\begin{cases} s1.x=p.x \\[2mm] s1.y=p.y+\dfrac{L}{4}\sin\alpha \end{cases}$	$\begin{cases} s2.x=p.x \\[2mm] s2.y=p.y-\dfrac{L}{4}\sin\alpha \end{cases}$
$\dfrac{\pi}{2}$ 或 $\dfrac{3}{2}\pi$	$\begin{cases} s1.x=p.x+\dfrac{L}{4}\sin\alpha \\[2mm] s1.y=p.y \end{cases}$	$\begin{cases} s1.x=p.x-\dfrac{L}{4}\sin\alpha \\[2mm] s1.y=p.y \end{cases}$

其中:

$$\begin{cases} \Delta x=L\cos\theta \\ \Delta y=L\sin\theta \end{cases} ; \quad \begin{cases} p.x=s.x+(L-L/4*\cos\alpha)\cos\theta \\ p.y=s.y+(L-L/4*\cos\alpha)\sin\theta \end{cases}$$

5.2.1.2　颜色编码法

颜色编码法是利用颜色的属性来表达流场的流速信息,这些属性包括像素值、亮度及透明度等,大小的不同体现了流场的流速的大小变化,因为在流场这样一个矢量场中,颜色编码法采用的是标量化矢量场,所以无法表达流场的流向信息,这也是颜色编码法的一个缺点。

虽然这两种直接映射典型算法都存在问题,但是其优势不可忽略,目前应用直接映射法表达流场常常会结合两种方法一起使用,在点图标表示的基础上,根据向量的长度、大小给予不同的颜色值,使流场特征更加明显。

对于海温、海盐、海流的大小均用颜色来进行映射,映射方式采用了渐变色的计算方法,即目标颜色为起始颜色分量 RGB 到终止颜色分量 RGB 的线性变化。渐变色 RGB 分量如式(5-2)计算。

$$\begin{cases} R=\dfrac{endColor.R-startColor.R}{maxValue-minValue}(pValue-minValue)+startColor.R \\[3mm] G=\dfrac{endColor.G-startColor.G}{maxValue-minValue}(pValue-minValue)+startColor.G \\[3mm] B=\dfrac{endColor.B-startColor.B}{maxValue-minValue}(pValue-minValue)+startColor.B \end{cases} \quad (5-2)$$

其中,$startColor$ 为起始颜色值,$endColor$ 为终止颜色值,$maxValue$ 为数据最大值,$minValue$ 为数据最小值,$pValue$ 是当前颜色值。

在图 5-2 中，设置颜色映射为从蓝色到红色的渐变色，中间色为黄色。

图5-3 渐变色示意

5.2.2 几何映射法

几何映射法是利用点、线、面要素获取矢量场线、面、体的表达方法，点要素表达流场也就是直接映射法中的点图标法存在缺乏连续性的缺点，面要素相对线要素更加复杂。在这几种几何要素中应用最多的是对线要素的表达，主要包括流线（Streamline）、迹线（Pathlines）、脉线（Streaklines）、时线（Timelines）等几何形体来用于可视化的显示，在定常流中，流线、迹线、脉线三者是重合的。在线的表达过程中，最主要的问题就是种子点的布置问题，选择种子点的方法多种多样，种子点的分布直接影响着流场的特征提取与表达。关于流线的表达研究成果很多，其中最重要的流线放置方法就是 1996 年 Turk 和 Banks 提出的由图片引导流线放置的方法和 2000 年 Verma 等提出的由流场引导流线放置的方法。这两种方法从不同的角度提高流线表达图片的效果，图片引导的方法引入了能量函数，流场引导的方法引入了临界点的概念与理论，这两种方法对流线的研究带来了重大的进展。

流线是流场中反映同一时刻流动变化趋势的一条几何线。矢量场的流线有如下性质：任意一点，流线的方向与该点的矢量方向一致。流体质点的运动规律用速度矢量来描述时可表示为下列形式 $v=v(r, t)$，其中 r 为点 p 的位置矢量，t 表示时间。

流线是通过积分得到的。在流线上每一个点都包含着此处的位置信息和矢量信息（如方向、大小等）。积分方式绘制流线通常要选定积分种子点，一般采用四阶龙格—库塔法。

四阶龙格—库塔积分法如下定义：

h 表示步长，正值和负值分别表示沿向量正方向和负方向积分，$F(x)$ 表示向量场在 x 处的向量值。

则计算公式为：

$$k_1 = \Delta t v(x_n)$$

$$k_2 = \Delta t v\left(x_n + \frac{k_1}{2}\right)$$

$$k_3 = \Delta t v\left(x_n + \frac{k_2}{2}\right)$$

$$k_4 = \Delta t v(x_n + k_3)$$

$$x_n + 1 = x_n + \frac{k_1}{6} + \frac{k_2}{3} + \frac{k_2}{3} + \frac{k_2}{6} + O(\Delta t_5)$$

其中，k_1 表示时间段开始时的斜率；k_2 表示时间段中点的斜率，通过欧拉法采用斜率 k_1 来决定斜率值；k_3 也表示中点的斜率，但是采用斜率 k_2 决定斜率值；k_4 表示时间段中点的斜率；

其斜率值用 k_3 决定。

每条积分曲线均终止于下列 3 种情况之一：

（1）终止于流场边界；

（2）终止于结束点（即除马鞍点、入点、出点之外的其他临界点）；

（3）终止于另一起始点，在此情况下应由此点开始产生新的积分曲线。

5.2.3 特征映射法

特征映射方法是一种通过提取感兴趣区域，减少数据冗余，提高可视化效率的流场映射方法。这里的特征指流场运动过程中的变化、结构或形成的某些现象，最典型的海洋流场现象涡旋就是海洋流场的一个特征。这里特征不仅包括以上内容，还包括从整个流场范围内提取的感兴趣区域。在特征映射算法在发展过程中，形成了拓扑分析法及特定特征结构提取方法两种主要的特征映射方法。在流场特征可视化中，基于临界点理论的拓扑结构分析方法和基于物理特征的特征提取方法应用最多。

5.2.3.1 基于临界点理论的拓扑结构分析方法

基于临界点理论的拓扑结构分析法于 1991 年由 Helman J. L. 等提出，之后 Scheuermann 等对传统的特征提取方法进行优化，对线性插值方法进行改进获得三维一阶连续性插值方法。基于临界点的拓扑特征分析法的主要流程包括查找临界点并应用雅可比矩阵对临界点进行分类提取特征点，再应用积分曲线或者积分曲面连接特征点，把流场特征结构划分出来，实现了特征可视化。

一个矢量场的拓扑由临界点和连接临界点的积分曲线或曲面组成，它使用流线连接临界点，把流场分为不同的区域。临界点是流场中那些速度为零的点，临界点附近矢量场的特性由临界点矢量对其位置矢量的偏导数矩阵雅克比矩阵（Jacobian）决定，即：

$$J(x, y) = \begin{bmatrix} \dfrac{\partial u}{\partial x} & \dfrac{\partial u}{\partial y} \\ \dfrac{\partial v}{\partial x} & \dfrac{\partial v}{\partial y} \end{bmatrix} \tag{5-3}$$

特征值：$P_J(\lambda) = \det(\lambda I_J) = 0$ 的根 λ 为矩阵 J 的特征值。

特征向量：$\lambda_i v = Jv$ 的向量 v 为矩阵 J 的对于特征值 λ_i 的特征向量，$P_J(\lambda)$ 称为矩阵 A 的特征多项式。

雅克比矩阵的特征值实部的正或负分别表示了吸引和排斥的特征，正的特征值表示向量从临界点发散，负的特征值表示向量向临界点聚拢，共轭复数表示向量场是螺旋入或出（由实部的符号决定是入或出）。因此，由雅克比矩阵的特征值，临界点可以被分为交点（Node）、聚点（Focus）、马鞍点（Saddle）和中心点（Center）四类（中心点是非双曲型的临界点，这里不再考虑）。交点和聚点又进一步可分为吸引交点（Attracting Node）、排斥交点（Repelling Node）、吸引聚点（Attracting Node）、排斥聚点（Repelling Focus）。

（1）马鞍点：若 Re（λ_1）= –Re（λ_2），Im（λ_1）= –Im（λ_2）= 0，即 A 的特征值为两个相反的实数值，则临界点为鞍点类型，此时该临界点具有两条入流轨线和两条出流轨线。

（2）交点：若 Im（λ_1）= –Im（λ_2）=0，即 A 的特征值虚部均为零，则临界点为交点特征，此时该临界点周围的轨线对于 $t \to \infty$ 时流向该临界点。当 Re（λ_1）< 0，Re（λ_2）< 0 时为吸引交点，当 Re（λ_1）> 0，Re（λ_2）> 0 时为排斥交点。

（3）聚点：若 Im（λ_1）= – Im（λ_2）< or > 0，即 A 的特征值虚部为两个异号实数值，则临界点为聚点特征，此时该临界点周围的轨线对于 $t \to -\infty$ 时流向该临界点。当 Re（λ_1）= Re（λ_2）< 0 是为吸引聚点，当 Re（λ_1）= Re（λ_2）> 0 是为排斥聚点。

（4）中心点：若 Re（λ_1）=0，Re（λ_2）= 0，即 A 的特征值为纯虚数，则临界点为中心点特征，此时该临界点周围的轨线围绕该临界点。

对找到的每一个临界点，求其位置矢量处的偏导数，计算其雅可比矩阵 J，然后利用数学方法求解矩阵 J 的特征值及特征向量，根据特征值在复平面上的分布对临界点进行相应的分类。二维临界点的分类如图 5-4 所示。

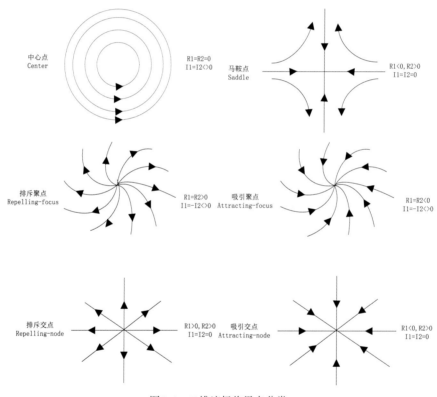

图5-4　二维流场临界点分类

5.2.3.2　基于物理特征的提取方法

基于物理特征的提取方法指的是应用物理特征量分析提取流场特征，利用不同的物理特征量从多个方面保证特征提取的准确性，适用于那些不能通过拓扑结构分析法表达的具有复杂拓扑结构的海洋流场特征提取，以缩短对流场特征点查找定位分类的时间。这里的物理特征值主要包括旋度和散度，这两个物理量又通过通量和环量反映，通过这几个物理特征量的正负对流场特征点进行分类。

矢量场 $\vec{A}(\vec{r})$ 沿场中的一条闭合路径 l 的曲线积分称为矢量场 $\vec{A}(\vec{r})$ 沿闭合路径 l 的环量。环量计算公式：

$$\varphi = \varphi_l \vec{A} \cdot \mathrm{d}\vec{l} \Rightarrow \varphi = \sum_{k=0}^{N} |P_k| \sin\theta_k \qquad (5-4)$$

其中，N 为采样点的个数，P_k 为矢量场在第 k 个采样点处的矢量，θ_k 为矢量 P_k 与矢量 Q_k 的夹角，Q_k 为中心点到第 k 个采样点方向的矢量。在求离散场中环流量的过程中用累加代替积分。

对于旋度，经推导可得：

$$Rot(A)_Q \propto \sum_{k=0}^{N} \frac{P_k \otimes Q_k}{|Q_k|} \qquad (5-5)$$

由于离散网格均匀且大小相等，所以 $|Q_k|$ 为常数，式（5-5）可变为：

$$Rot(A)_Q \propto \sum_{k=0}^{N} P_k \otimes Q_k \qquad (5-6)$$

对于通量的计算，在离散数据场中，不可能对整条曲线积分，只能在曲线上进行采样，然后求采样点法向分量的累加和，也就可以得到：

$$F = \sum_{k=0}^{N} |P_k| \, dn \cos\theta_k h \qquad (5-7)$$

其中，N 为采样点个数，P_k 为第 k 个采样点处矢量场的值，dn 为第 k 个采样点处的法向量，θ_k 为矢量 P_k 与矢量 Q_k 的夹角，h 为假设的二维矢量场的高度，在计算时假设矢量场具有相同的高度，所以可设为常数 1。

对于散度，经推导可得：

$$div(A)_Q \propto \sum_{k=0}^{N} \frac{P_k \cdot Q_k}{|Q_k|} \qquad (5-8)$$

同旋度一样，式（5-8）也可变为

$$div(A)_Q \propto \sum_{k=0}^{N} P_k \cdot Q_k \qquad (5-9)$$

根据临界点和物理特征值的定义，它们的关系如表 5-2 所示。

表 5-2 临界点和物理特征值关系

临界点类型	通量	环量	旋度	散度
马鞍点	=0	=0	=0	=0
排斥聚点	=0	≠0	≠0	=0
吸引聚点	=0	≠0	≠0	=0
排斥交点	<0	=0	=0	<0
吸引交点	>0	=0	=0	>0

5.2.4　纹理映射法

纹理映射法是通过由颜色排列而成的纹理表达流场流向流速以反映流场特征的方法，纹理映射法与直接映射法相比，不受采样密度的影响，能够反映出颜色编码法无法表达的流向信息，与几何映射法比较，没有种子点放置问题。在二维流场和曲面流场中得到了广泛的应用，但在三维流场中应用还存在一些问题，往往会出现图像混杂叠加现象。纹理映射法中典型的方法有 LIC（Line Integral Convolution）线积分卷积方法和点噪声方法，在这两种方法的基础上进行了一系列扩展和改进研究，应用最多的方法有 LIC 线积分卷积方法，LEA（Lagrangian-Eulerian Advection）及 IBFV（Image Based Flow Visualization）方法。

点噪声方法是通过叠加具有大小和形状属性的随机二维点形成随机纹理的方法，这些二维点的属性控制纹理模式。该方法由 J. J. VanWijk 于 1991 年最早提出，之后 De Leeuw W. C. 在 1995 年对其进行了改进和扩展，通过从点噪声纹理中高滤掉低频噪声点及改变点的形状，获得在高曲率矢量场中更好的可视化效果。点噪声方法中点与流场的流速流向有直接的联系，在矢量变化较大的情况下很难明确的表达流场的矢量方向。

LIC 线积分卷积方法在矢量场中应用很多，是通过对点噪声的卷积积分来表达流场结构特征的方法，最早由 Cabral B. 等在 1993 年提出，在此基础上，Helgeland A 等针对应用纹理表达流场存在的遮挡混叠现象提出对纹理进行稀疏化处理获得更好的可视化效果。LIC 纹理映射的映射过程包括随机给网格赋值生成点噪声纹理图，在此基础上对含有矢量信息的网格点进行局部流线追踪，应用滤波核函数对点噪声纹理沿着局部流线进行卷积计算最终获得纹理图像。

纹理映射技术是对物体表面属性进行建模，即是从二维纹理平面到三维景物表面的一个映射，也就是纹理贴图，其关键就是建立物体空间坐标（x, y, z）与纹理坐标（u, v）之间的对应关系。

纹理实际上是一个二维数组，它的元素是一些颜色值。单个的颜色值被称为纹理元素或纹理像素。每一个纹理像素在纹理中都有一个唯一的地址。这个地址可以被认为是一个列和行的值，它们分别由 U 和 V 来表示。为了将纹理像素映射到图元上，对于所有纹理上的所有纹理像素，DirectX 使用了一个通用的地址方案，在这个方案中，所有纹理像素地址的范围都在 0.0 ～ 1.0 之间，包括 0.0 和 1.0。Direct 3D 程序用 U 和 V 的值来声明纹理坐标，它和用 x、y 坐标来声明二维笛卡尔坐标系一样。在这种情况下，不同纹理中的同一纹理地址又可能被映射为不同的纹理像素坐标。如图 5-5 中的纹理地址（0.0, 0.5）。由于纹理的大小有所不同，纹理地址将会映射为不同的纹理像素。左边的纹理 1，大小为 3*3，纹理地址（0.0, 0.5）映射到纹理像素（0, 1）；右边的纹理 2，大小为 5*5，纹理地址（0.0, 0.5）映射到纹理像素（0, 2）。

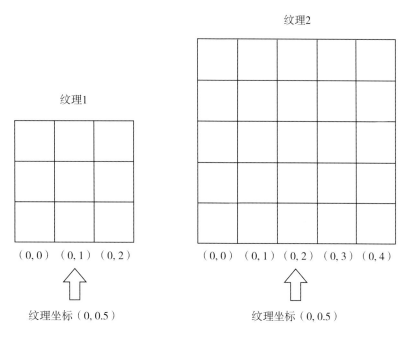

图5-5　纹理坐标示意

纹理坐标位于纹理空间中，将一个图元应用纹理时，纹理像素地址必须要先映射到对象坐标系中，然后再被平移到屏幕坐标系中。在 Direct X 中，将纹理空间中的纹理像素直接映射到屏幕空间中，跳过了中间过程，从而提高了效率。也就是说，对于屏幕上的某像素，是通过计算相应的纹理像素位置，然后对该位置或该位置周围的纹理颜色进行采样。采样过程被称为纹理过滤。

图 5-6 展示了一个简单的纹理像素映射过程。

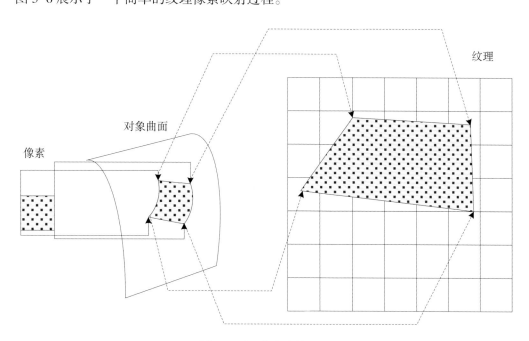

图5-6　纹理像素映射过程

给图 5-6 中左边的像素确定一定的颜色。像素四个角的地址被映射到对象空间中的图元上，像素的形状会有一些变形，这是由图元的形状和观察的角度造成的。然后，与像素角相对应的图元表面上的几个角被映射到纹理空间中。这一映射过程再次使像素的形状产生变形。像素最终的颜色值就由该像素映射到的区域中的纹理像素计算而得。在设置纹理过滤方法时，要决定 Direct 3D 使用什么方法来得到像素的颜色。

5.2.5　基于粒子系统的映射

粒子系统方法是由 Reevs 于 1983 年提出的，利用光强、颜色信息对不规则模糊景物的建模方法，能表示出不规则的复杂几何形体，如火、树和草等。粒子系统是当前被认为模拟不规则模糊景物最成功的一种图形生成算法，用粒子作为基本实体进行模拟景物的形态和动态变化。

为充分体现不规则模糊景物的动态性和随机性，在粒子系统中，粒子需要不断的运动，随着时间的推移，由于粒子系统的封闭性，则需要有新粒子加入，旧粒子消失，所以定义每一个粒子都有一定的生命周期，大致分为"出生""运动和生长"及"死亡" 3 个阶段。在粒子的整个生命周期中，各种动态性质如位置、速度、运动方向、生存期等和视觉性质如形状、大小、颜色、透明度等都随着时间不断改变。矢量场可视化中往往会将粒子的某一具体性质与矢量场中的矢量联系起来，如将速度矢量映射为粒子运动的动态性质，而将其他物理量映射为粒子的其他性质。

目前，针对粒子系统的矢量场可视化主要采用点粒子跟踪方法和面粒子方法。基于粒子系统的矢量场表示法可根据质点的释放时间和生命周期构造连续的动画显示，能够比较灵活、方便的表达矢量场，并能提供更强的三维空间感，以显示出流场的内部结构，但是可能会丢失场的连续性信息。

在粒子系统中是利用一组定义的原始粒子在空间的运动来进行模拟不规则景象的，对于每个粒子都是关于时间 t 的函数，其属性会随着时间的变化而不断更新，由于粒子系统是一个封闭系统，必须要保证生成新粒子和删除旧粒子，从而保证粒子总个数。

对于粒子位置属性的运动规则，当前采用的方法是点粒子跟踪方法，该方法是把点粒子看作一发光的点状质点，其轨迹为一曲线，由粒子在不同时刻 t 所在的位置 $x(t)$ 组成。其中 t 的选择比较重要，若取得太小，则计算开销太大，而取得太大，则会带来较大的误差，降低质点跟踪的精度。目前常采用的方法是可变时间片，即根据矢量场梯度变化的快慢选择的值。为表达出场的总体结构，一般选择多个质点放在不同的起始位置同时跟踪。

由上可知，计算某一帧的粒子系统需以下处理：

（1）生成新粒子加入系统，并对粒子设置初始属性（如包括位置，颜色，初始速度，大小等）；

（2）删除旧粒子，在不断各种过程中，粒子的生命也在不断减少，通过遍历粒子将达到生命周期的粒子删除；

（3）对有生命的粒子根据运动规则进行运动计算，主要是根据当前粒子的影响因素和属性，不断更新运动过程中粒子的属性值；

（4）粒子绘制，采用一定的算法绘制有生命的粒子并将其显示到屏幕上。

基于粒子系统的映射算法流程如图 5-7 所示。

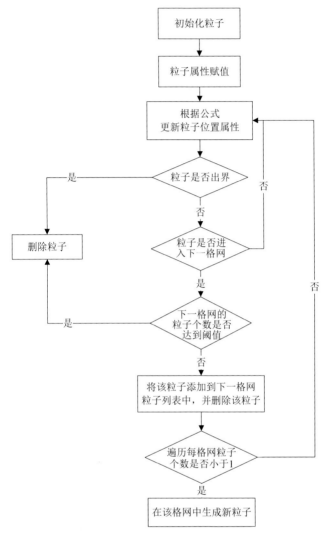

图5-7 基于粒子系统的映射算法流程

5.3 可视化关键技术及表达平台

5.3.1 OpenGL 可视化技术

OpenGL 是 SGI 公司开发的一个非常优秀的开放式、可以独立于操作系统和硬件环境的三维图形软件库。自 1992 年问世以来，由于其开放性和高度可重用性，已成为高性能图形和交互式视景处理的工业标准，可在众多操作系统上应用。在实际应用中，很多优秀的软件都是以 OpenGL 为基础开发出来的，其中比较著名的产品有动画制作软件 3DMAX 和 Soft Image，VR 软件 World ToolKit，CAM 软件 Pro\Engineer，GIS 软件 ARC/INFO 等。

OpenGL 是显示设备与图形的软件接口，实际是一个三维图形和模型函数库，以 API 的方式供开发者调用。OpenGL 是一个与硬件无关的编程接口，具有很强的跨平台性。它并不提供三维造型的高级命令，只提供一些基本的图元（如点、线、面、规则体等）的绘制函数，由这些基本元素进行复杂建模。

OpenGL 是一种过程性而不是描述性的图形 API。它并不描述场景及其外观，程序开发者根据需求规定了实现某种特定外观或效果所需要的步骤。这些步骤牵涉到对这种高度可移植 API 的调用，它包括 200 多条命令和函数。这些命令可用于在三维空间中绘制图元，比如，点、线和多边形。另外，OpenGL 支持光照和阴影、纹理贴图、混合、透明度、动画及许多其他特殊效果和功能。

5.3.2　DirectX 可视化技术

DirectX 是微软公司创建的多媒体编程接口。旨在使基于 Windows 的计算机成为运行和显示具有丰富的多媒体元素（例如，全色图形、视频、3D 动画和丰富音频）的应用程序理想平台。DirectX 包括安全和性能更新程序，以及许多涵盖所有技术的新功能。应用程序可以通过使用 DirectX API 来访问这些新功能，支持高性能的二维和三维图形显示。

2002 年年底，微软发布 DirectX 9.0。DirectX 9.0 中 PS 单元的渲染精度已达到浮点精度，传统的硬件 T&L 单元也被取消。全新的顶点着色引擎（VertexShader）编程将比以前复杂得多，新的 VertexShader 标准增加了流程控制，更多的常量，每个程序的着色指令增加到了 1 024 条。PS 2.0 具备完全可编程的架构，能对纹理效果即时演算、动态纹理贴图，还不占用显存，理论上对材质贴图的分辨率的精度提高无限多；另外，PS 1.4 只能支持 28 个硬件指令，同时操作 6 个材质，而 PS 2.0 却可以支持 160 个硬件指令，同时操作 16 个材质数量，新的高精度浮点数据规格可以使用多重纹理贴图，可操作的指令数可以任意长，电影级别的显示效果轻而易举的实现。VS 2.0 通过增加 Vertex 程序的灵活性，显著提高了老版本（DirectX 8.0）的 VS 性能，新的控制指令，可以用通用的程序代替以前专用的单独着色程序，效率提高许多倍；增加循环操作指令，减少工作时间，提高处理效率；扩展着色指令个数，从 128 个提升到 256 个。

增加对浮点数据的处理功能，以前只能对整数进行处理，这样提高渲染精度，使最终处理的色彩格式达到电影级别。突破了以前限制 PC 图形图象质量在数学上的精度障碍，它的每条渲染流水线都升级为 128 位浮点颜色，让游戏程序设计师们更容易、更轻松地创造出更漂亮的效果，让程序员编程更容易。

5.3.3　插件技术

插件是一种遵循统一的预定义接口规范编写出来的程序，应用程序在运行时通过接口规范对插件进行调用，以扩展应用程序的功能。插件的本质在于不修改程序主体（平台）的情况下对软件功能进行扩展与加强，当插件的接口公开后，任何公司或个人都可以制作自己的插件来解决一些操作上的不便或增加新的功能，也就是实现真正意义上的"即插即用"软件开发。

为了实现平台 + 插件结构的软件设计需要定义两个标准接口，一个为由平台所实现的平台扩展接口，另一个为插件所实现的插件接口。平台扩展接口完全由平台实现，插件只是调用和使用，插件接口完全由插件实现，平台也只是调用和使用。

在 NASA WorldWind 中也使用了插件技术，它的运行机制是主程序调用 PluginCompiler 搜索插件目录及其子目录，将插件文件读入内存，如果需要编译则进行编译；然后查找已编译的程序集。当确定插件类型，则添加到插件信息列表，最后加载运行插件（图 5-8）。在运行过程中可用插件管理器来管理插件。

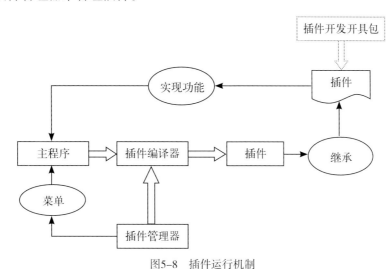

图5-8 插件运行机制

5.3.4 OpenSceneGraph 技术

OpenSceneGraph 是一个开源的、跨平台的三维图形渲染引擎，它在诸如飞行器仿真、游戏、虚拟现实、科学计算可视化等方面有着丰富的应用。它基于场景图的概念在 OpenGL 基础上构建了一个能把开发者从实现和优化底层图形的调用中解脱出来，并且为图形应用程序的快速开发提供很多附加的实用工具的面向对象的框架。

由于场景图的内核是由 OpenGL 封装而成，所以可以实现 OpenGL 的诸如剔除和排序的渲染优化等大部分功能，同样提供能快速开发高性能图形应用程序的一整套补充库，开发者便从繁琐的底层代码中解脱出来，可以更关心实质性内容和如何操控它们。

场景图的内核对具体的平台的依赖性小，有很强的扩展性，场景图可以快速移植到大部分系统中。OSGViewer 库也可以轻松的和窗口开发包集成起来，作为 OpenSceneGraph-2.0 发布版本的一部分，有例子演示了如何在 Qt、GLUT、FLTK、SDL、WxWidget、Cocoa and MFC 中的使用。场景图内核的可扩展性使得它不仅仅可运行在便携式设备，甚至高端的多核、多GPU 的系统和集群上。这是因为场景图内核为 OpenGL 的显示列表和纹理对象支持多重图形渲染环境，剔除和绘制的遍历过程被设计成隐藏渲染数据为局部变量，这样可以以几乎只读的方式使用场景图内核。这样就允许多对剔除—绘制过程运行在多个 CPU 上，CPU 也是绑定在多个图形子系统之上。对多图形设备渲染环境和多线程的支持可以在 OSGViewer 中方便使用，发布版本中所有的例子都可以以多线程和多 GPU 的方式运行。

OSG 引擎由一系列插件、动态链接库、供开发者使用的静态连接库、头文件，以及可执行的工具程序和示例构成。按其功能和作用划分，大致分为核心库、节点扩展工具、文件读写插件、内省库和工具程序和示例集 5 种类型。

在 OSG 三维渲染引擎进行三维场景渲染过程中，OSG 系统接口（主要包括渲染器、场景视图）、前端（主要包括节点树、相机、可绘制体）、后台（主要包括状态树、渲染树、状态机）之间的全局数据流关系如图 5-9 所示。

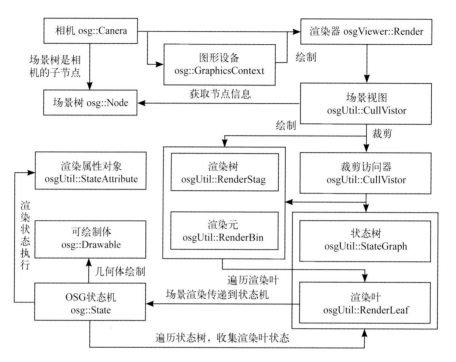

图5-9　OSG数据流关系

5.3.5　Direct 3D 技术

Direct 3D（简称 D3D）与 OpenGL 同为电脑绘图软体和电脑游戏最常使用的两套绘图编程接口之一，是微软公司在 Microsoft Windows 操作系统上所开发的一套 3D 绘图编程接口，目前广为各家显示卡所支持。

Direct 3D 是基于微软的通用对象模式 COM（Common Object Mode）的三维图形 API。D3D 是由微软建立的 3DAPI 规范。Direct 3D 适合多媒体、娱乐、即时 3D 动画等广泛和实用的 3D 图形计算。自发布以来，Direct 3D 以其良好的硬件兼容性和友好的编程方式很快得到了广泛的认可，现在几乎所有的具有 3D 图形加速的主流显示卡都对 Direct 3D 提供良好的支持。但它也有缺陷，由于它是以 COM 接口形式提供的，较为复杂，稳定性差。另外，D3D 可移植性较差，目前只在 Windows 平台上可用。

Direct 3D 架构：Direct 3D 与 WindowsGDI 是同层级组件。Direct 3D 设备有两种不同的操作模式：windowed 和 exclusive。在 windowed 模式下，必须使用 backbuffer。在 exclusive 模式下，Direct 3D 直接调用显卡驱动程序，而不通过 GDI。

Direct 3D 的抽象概念包括：Devices，Swap Chains 和 Resources。

5.3.6 Cesium 平台

Cesium 是一个开源的 JavaScript 代码库，用于 Web 端全球尺度的三维地理数据可视化。Cesium 基于 WebGL 开发，所以继承了 WebGL 的优良特性：显卡加速、无插件、跨平台和跨浏览器。Cesium 的特性具体如下：

（1）数学系统精准性高，包含主流的坐标系统（WGS-84、ICRF 和 WebGL 坐标系统）。

（2）支持 3D Tiles、CZML、KML 和 GeoJSON 等多种数据源的解析和数据可视化，可以实现海量数据的加载。

（3）提供完备的 API，如摄像机视角 API、鼠标事件 API。可供二次开发和性能优化，代码完全开源。

（4）支持高分辨率的遥感影像加载和高精度地形数据可视化。

（5）支持大量几何体的渲染和自定义材质，可经过开发提升可视化效果。

Cesium 的优点如下：

（1）功能完备。Cesium 本身的 API 较为完备，包含多源数据导入、数学计算、三维几何体创建、相机和飞行控制。减少了二次开发、数据加载和可视化的成本。

（2）性能较好。一方面，WebGL 的基础让 Cesium 具有显卡加速的特性；另一方面，Cesium 本身也进行了三维渲染上的优化。比如多是椎体剔除，HLOD 的数据加载模式，点要素聚类算法，渲染调度算法和多线程技术等。

（3）生态系统活跃。Cesium 团队有自己的论坛和 Github 网址，用户在使用过程中的疑问都可以向团队成员询问。团队成员的回复好处理速度一般在一两天之内。

（4）3D GIS 能力。与其他 WebGL 三维图形库相比，Cesium 更注重 GIS 方面的功能，支持多种 GIS 分析函数，也为开发更丰富的 GIS 功能提供基础 API。

5.3.7 WorldWind 平台

美国航空航天局（NASA）世界风 World Wind（简称 WW），是由 NASA 发布的一个开放源代码的地理科普软件，由 NASA 阿莫斯研究中心的科研人员开发，美国航太总署教育中心（NASA Learning Technologies）来发展，它是一个可视化地球仪，将 NASA、USGS 以及其他 WMS 服务商提供的图像通过一个三维的地球模型展现，近期还包含了火星和月球的展现。WW 可以利用 GLOBE、MODIS、SRTM、Landsat 7 等多颗卫星数据，将航天飞机雷达遥感数据和卫星图像结合在一起，让用户对三维地球遨游的感觉体验增强，用户能够通过互联网浏览 WMS 提供的图像。由于数年来对降水量、大气压、温度和其他许多数据每天的观测，WW 可以发布着数以千兆的全球 NASA 卫星数据，为公众提供美国地质勘察局的航拍照片和地形地图数据以及航天飞机雷达地形勘测任务。

WW 是唯一的真正开放资源的 3D 引擎, 它的全部代码都是可获得的, 允许用户修改 WW 软件本身。WW 用 C# 编写, 软件调用微软的 SQL Server 数据库的 Terrain Server 影像库来进行全球三维地形显示, 低分辨率的 Blue Marble 基础数据被放置在在初始安装内, 当地球被放大到某一区域的时候, 相应区域的高分辨率数据会从 NASA 服务器上自动下载下来。它通过将遥感影像数据与 SRTM 高程数据进行叠加生成三维地形数据。软件在功能方面比较丰富, 软件具有坐标与高程查询、长度测量、三维动态显示及屏幕裁图添加标注等常用功能。

WW 具有世界范围内跟踪近期事件如天气变化, 火灾等情况的能力, 因为它本身最大的特性就是卫星数据的自动更新能力。NASA 还提供了一系列模拟全球飓风, 台风动态, 季节变迁等全球活动的演示动画。WW 包含全部的国界图层、城市图层、交通图层、经纬线图层和其他参考图层, 还可以接收和处理来自 GPS 接收机的数据并将其坐标数据展示在三维地球上的能力。

WW 是完全免费的, 面向科学家, 研究工作者, 学生群体的开源软件。WW 为科研工作者提供了一个开放的基本的地理信息框架, 研究人员可以在此基础上进行进一步开发。它们具有共同的图片数据流传输、影像分层分块切割组织管理、缓存机制等技术特点。鉴于 WW 强大的扩展能力和高效的开发效率, 本书把 WW 作为海洋信息可视化表达的平台。

5.4 海洋标量场信息可视化

针对海洋数据量大的特点, 提出了采用基于服务的方式数据访问的方法, 同时提出了数据生成渲染图层的方式和采用层次细节方法绘制。在此基础上提出了采用数据层、业务层和表示层三层架构模式的解决方案, 采用时间维和深度维等形式的数据组织管理方式, 表达海洋信息的空间变化趋势和特征, 并采用插件原理构建三维可视化模块, 实现了集海洋环境信息数据管理、网络服务发布和三维球体可视化等功能于一体的海洋环境信息三维动态可视化系统。

5.4.1 海洋温度场可视化

海洋温度的动态可视化以全球数据和西北太平洋海温数据进行展现, 数据按照时间序列和深度序列进行组织, 在打开的目录窗口中选择数据, 通过按钮进行控制展示, 其中功能按钮包括前一视图、后一视图、播放、停止和清空的功能。在可视化展现同时显示专题图例颜色条, 提供直观的属性对比信息, 颜色条为过渡颜色带, 在左上角显示可视化的提示信息。海温时间序列主要以 2008 年的数据进行展现, 选取 1 月、4 月、7 月和 10 月数据作为代表视图展现, 具体见图 5-10 所示。

从上述海温可视化的效果可以得到结论, 海洋温度在赤道附近海域温度值高, 北半球在 8 月之前随着时间推移温度逐渐增高, 之后随着时间推移温度逐渐降低。

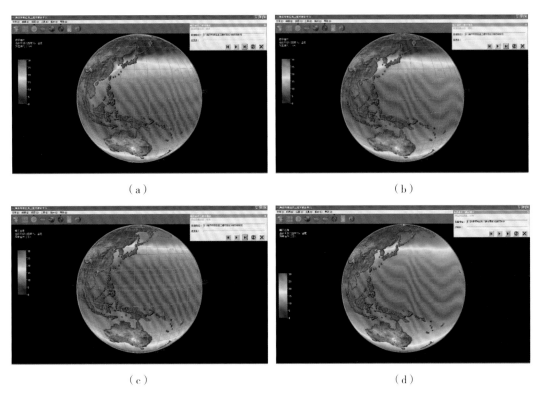

图5-10　不同月份全球海温图

（a）1月；　（b）4月；　（c）7月；　（d）10月

海温深度序列以 1 月的海温预报数据进行展现，由于篇幅所限，选择表层、水下 100 m、水下 200 m、水下 500 m、水下 1 000 m、水下 2 000 m、水下 3 000 m、水下 5 000 m 作为代表性的深度值图层展示，具体如图 5-11 所示。

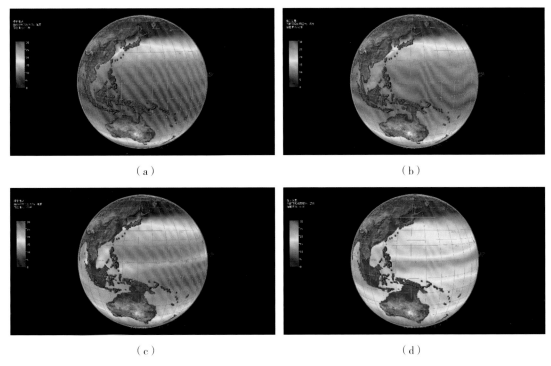

图5-11　不同深度全球海温图

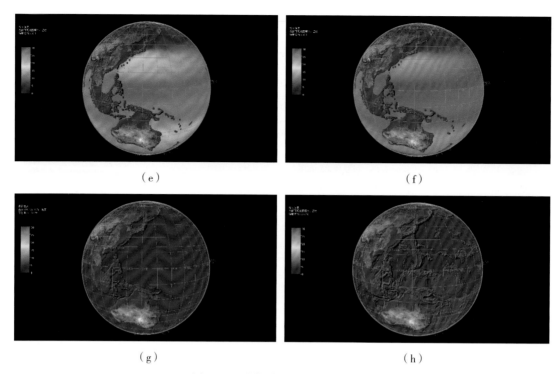

（e）　　　　　　　　　　　　　　　　（f）

（g）　　　　　　　　　　　　　　　　（h）

图5-11　不同深度全球海温图（续）

（a）表层；（b）水下100 m；（c）水下200 m；（d）水下500 m；（e）水下1 000 m；

（f）水下2 000 m；（g）水下3 000 m；（h）水下5 000 m

从上述海温可视化的效果可以得到结论，海洋温度在表层温度值高，随着深度的增加温度逐渐降低，其中在水下100 m、水下200 m、水下500 m、水下1 000 m、水下2 000 m的温度变化现象十分明显。

5.4.2　海洋盐度场可视化

海洋盐度的动态可视化以全球数据进行展现，数据按照时间序列和深度序列进行组织，在窗口中选择数据，功能与海洋温度可视化的功能相同。在可视化展现同时显示专题图例颜色条，提供直观的属性对比信息，在左上角显示可视化的提示信息，这里海水盐度的展现形式与海温相同，因此不再进行展示，各个不同的海区盐度值不同，具体的海水盐度可视化效果如图5-12所示。

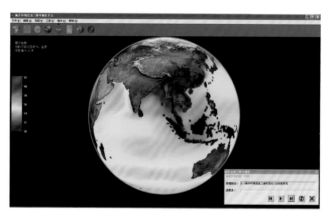

图5-12　全球海洋盐度图

5.4.3 海面高度可视化

　　海面高度的动态可视化以模拟海平面的运动进行展现，数据按照时间序列组织，在窗口中选择数据，通过按钮进行控制展示，其中功能按钮包括前一视图、后一视图、播放、停止和清空的功能。在可视化展现同时显示专题图例颜色条，提供直观的属性对比信息，其中 0 m 代表海平面没有变化，用接近海水的颜色值表达，而向着正反方向随着高度值的增加颜色越深。在左上角显示可视化的提示信息，本节通过海面高度模拟一次南海海啸地震引发的海面高度异常，读取数据进行展现，选取 8 幅图在本文中展现，具体如图 5–13 所示。

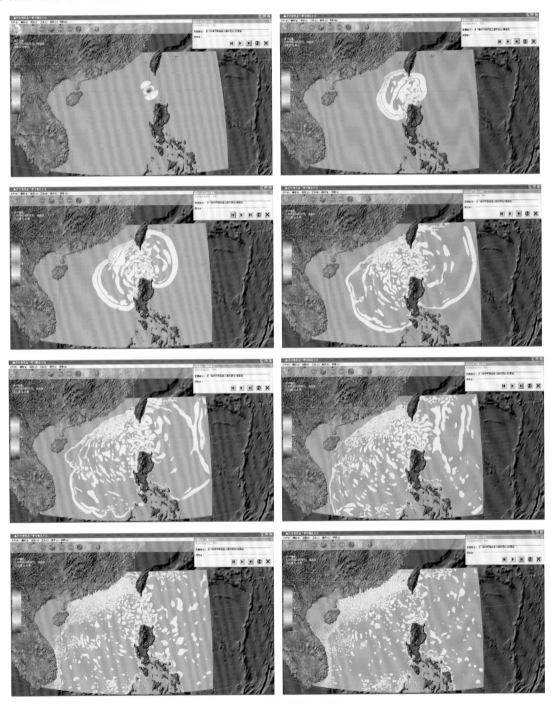

图5–13　不同时刻海面高度

全球海面高度的动态可视化以读取海洋再分析数据进行展现，主要展现全球 12 个月的海面高度值，选取 2 月、5 月、8 月、11 月的视图展示，从图 5-14 中可以看出，北纬 10 度到 30 度海域的海面高度值较高，具体如图 5-14 所示。

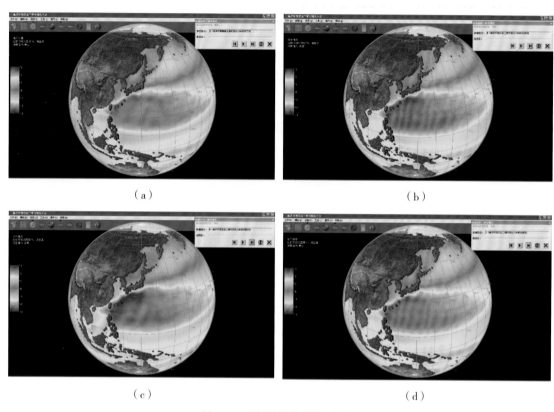

（a）   （b）

（c）   （d）

图5-14   不同月份全球海面高度

（a）2月；（b）5月；（c）8月；（d）11月

5.5   海洋流场可视化

针对以 NetCDF 格式存储的海洋环境场数据，通过对其变量、属性和维度的分析，解析并提取海洋流场流向、流速等信息，从而构建进一步分析的数据矩阵；通过深入研究当前主要的流场映射算法，对于基于箭头、流线、纹理及粒子系统映射算法的特点进行比较与分析；在海洋流线构造算法研究中，基于临界点理论，针对不同的临界点类型提出不同的初始质点源布置策略，并以流速大小为引导，提出基于欧拉方法的变距离流线构造算法，为保证生成流线的持续性和密度分布的合理性，利用平滑窗口进行附加质点源探测与附加流线追踪；在基于 LIC 的纹理映射算法研究中，根据当前流速大小确定局部流线的长度，与固定长度的局部流线构造相比，更好地解释了流速、流线长度与最终纹理像素值间的关系，提高了算法效率。最后，利用纹理和流场速度的卷积计算，实现了彩色纹理，使得纹理能够同时表达流向和流速。

5.5.1 基于箭头点图标的流场可视化

在箭头的表达方法中，通过开辟多线程和利用 LOD 算法两种方法来提高可视化效率，以更好地实现实时性表达。具体实现如下所述：

5.5.1.1 读取流场数据

根据上节 NetCDF 格式数据读取，完成对流场数据的读取。

5.5.1.2 数据的分块处理

将整个流场共分为 18 个包围盒，定义每个包围盒结构定义如下：

```
class boundBox
{
public BoundingBox box;
public int FromRow;
public int FromCol;
public int ToRow;
public int ToCol;
}
```

其中，变量 Box 可由每个包围盒的左下角坐标和范围生成，FromRow，FromCol 表示每个包围盒的起始行列号，ToRow，ToCol 表示每个包围盒终止行列号。

5.5.1.3 获得视景体内的包围盒

利用 DrawArgs.WorldCamera.ViewFrustum.Intersects 方法获得视景体内的包围盒，并存储在 NewrecordBoxList 中，并对包围盒的各个变量初始化。

5.5.1.4 开启多线程并生成渲染对象

实时判断当前视景体中的包围盒 NewrecordBoxList 与上一视景体内包围盒数据 RecordBoxList，保留共有的包围盒相关数据，清除不在当前视景体中包围盒的关数据及渲染对象，开启新线程读取新添加包围盒对应的相关数据并根据当前视点计算箭头数据，生成渲染对象，添加到 RenderableObjectList 中。

本节中，根据视点的高度 LOD 共分为 3 级，在视点大于 4 000 km 时，每隔 6 个网格大小绘制一个箭头，在视点介于 2 000 ~ 4 000 km 时，每隔 3 个网格大小绘制一个箭头，视点在小于 2 000 km 时，绘制每个格网数据。

5.5.1.5 绘制箭头数据

根据当前视点，绘制当前视景体内的包围盒对应的箭头渲染对象。选取视点高度 6 326.5 km 和 2 177.8 km 作为代表，具体见图 5-15 所示。

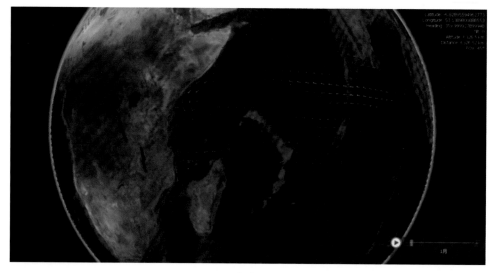

（a）

（b）

图5-15　基于箭头的流场可视化

（a）视点高度6 326.5 km的结果；（b）视点高度2 177.8 km的结果

5.5.2　基于流线构造的流场可视化

流线构造算法有数值积分法和流函数法。

数值积分法对数据进行预处理，采用流线映射算法获取流线的节点坐标，对流场进行合理布局追踪流线。

下面详细给出两种流线构造算法。

5.5.2.1　基于流场引导的自适应步长流线构造算法

流线的整体布局是由初始质点源布置策略来决定的。具体进行初始质点源布置时，根据临界点的不同类型，在其周围进行初始质点源不同方式的布置和选择。初始质点源布置完成后，即进入流线追踪过程。

自适应步长计算时，需遵循以下几项原则。

（1）原始网格流速为零，网格对应步长为零；当前网格的流向与流进网格的流向近似逆向，则成倍增长积分步长；当前网格的流向与流进网格的流向近似逆向，则成倍缩小积分步长。

（2）自适应步长计算函数模型：$D_{ij} = D\mu\alpha_{ij}(\sigma + \alpha_{ij})^{-(cos\theta ij-1)^2+1}$

其中：D_{ij} 表示计算所的第 i 行、第 j 列网格的积分步长；D 表示流场中的数据网格尺寸；μ 表示全局步长增长控制参数，主要用于步长增长的平衡控制；α_{ij} 表示根据第 i 行、第 j 列网格点 U、V 分量值计算得到的网格的流速与流场中最大流速的比值，其取值范围为 $[0, 1]$；δ 表示步长增长倍数，一般取大于 1 的值；θ_{ij} 表示流入与流出当前格网两个流向的夹角，取值范围为 $[0, \pi]$。

（3）流线追踪的终止条件为：一是追踪流线长度过长，已经到达或超过设定的最长阈值；二是当前经过网格的流线条数已经达到设定的阈值；三是到达流场边界；四是当前所在网格网速为零；五是当前追踪步长小于阈值步长。

（4）流线合并的条件为：一是计算当前流线终点 P_n 与当前网格中心点 P_0 的距离是否小于设定的阈值，若是则两条流线合并；二是计算线段 $P_{n-1}P_n$ 与 $P_{n-1}P_0$ 的夹角是否小于设定的阈值 θ，若是则两条流线合并。

5.5.2.2　基于变步长模型的流线构造算法

获得种子质点源后，开始绘制积分曲线，积分曲线的计算主要有欧拉法、二阶龙格库塔和四阶龙格库塔法这几种算法，其中，最简单的是欧拉数值积分算法，计算公式为 $X(t+\Delta t) = X(t) + \Delta t * [X(t)]$，其中 Δt 是积分步长。

算法对于步长的计算模型在季民等提出的自适应步长计算模型的基础上进行了改进。积分曲线在遇到以下几种情况下终止：超出流场界限，流线长度超出预先设置的流线长度最大限度，遇到结束点（除了马鞍点、出点、入点之外的临界点），流经某格网的流线条数过多超出曲线设置的最多流线条数，遇到起始点即另一个种子点。

最后对所有种子点进行积分曲线绘制后分析在流线中存在某些流线过短问题，这就需要删除结点数少的流线，并对应修改各记录的流线经过的条数值，还存在连续多个网格内没有流线经过的问题，这违背了尽量使流线分布在整个流场中这一流线布局原则，需要设置查询窗口，选择在那些没有种子点并且所有网格流经次数都小于阈值的窗口中添加质点源，并进行流线追踪。

通常海洋环境信息矢量场数据通过流线箭头方法来表示，也可以自定义集合符号来展现。在 DirectX 中，绘制分段直线采用 LineList 类型，将海洋环境信息海流数据处理成在可视化系统中表达的形式，将顶点的坐标值进行定义，进行系统内存中顶点数据的读取，进行绘制，原理如图 5-16 所示。

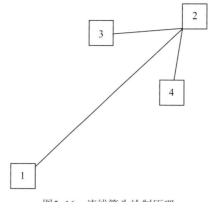

图5-16　流线箭头绘制原理

　　根据数据处理算法将数据点生成如图5-16所示的4个坐标点，然后根据定义的顶点顺序进行直线的绘制，生成海流箭头。

　　在程序中首先在World Wind平台工具栏添加流线工具按钮，通过调用流线工具按钮的单击事件类读取流线几何数据，将数据进行坐标转换，通过调用编译好的流线渲染类读取转换后的坐标值设置流线图层的渲染效果参数，包括数据描述信息，流线定义，表示流线方向的箭头的定义，颜色值的定义等，最后将渲染后的流线对象在World Wind中绘制显示出来。具体流程如下：

　　首先，选择World为地球，定义需要添加的工具栏中流线表达工具的位置和图案，调用OceanCurrentButton类，对此工具进行定义，加载所有工具。

　　其次，在软件打开后，通过单击工具，通过调用OceanCurrentButton类读取几何数据，调用OceanCurrentsArrowRenderable类进行图层渲染，该类继承WorldWind.Renderable.RenderableObject，在OceanCurrentsArrowRenderable类中首先进行初始化，读取.txt流线坐标文件，应用CustomVertex类中的PositionColored类型获取存储空间坐标和颜色，其中采用SphericalToCartesian方法将三维球体坐标转换为笛卡尔坐标，用于计算机的显示，颜色生成采用的是颜色映射技术。其中三维球体坐标经度、纬度和高程与平面坐标x, y, z之间的转换公式为：

$$\begin{cases} x = r * \cos \alpha * \cos \beta \\ x = r * \cos \alpha * \sin \beta \\ x = r * \sin \alpha \end{cases} \tag{5-10}$$

　　最后，在获取所有流线节点坐标的位置和颜色后，进行渲染配置，设置相机的坐标，设置光源、渲染状态等，其中调用Direct 3D中device.SetRenderState方法设置渲染状态，调用device.DrawUserPrimitives方法绘制流线各节点坐标间的线。

　　不同分辨率的数据需要在步长计算模型构造流线时选择合适的参数，参数不同，流线绘制效果不同，下面进行展示与比较。

如图 5-17 所示，分别表示采用原始流线追踪算法（原模型）和变步长流线追踪算法（改进模型）得到的 1 月和 2 月的流线分布，具体为原模型 1 月、改进模型 1 月、原模型 2 月、改进模型 2 月。从对比图中可以看出，同样的参数条件下，由于新模型生成的流线条数较多，不仅使得流场的整体特征表达的更加清晰，同时很多局部特征也得以更细腻的反映。

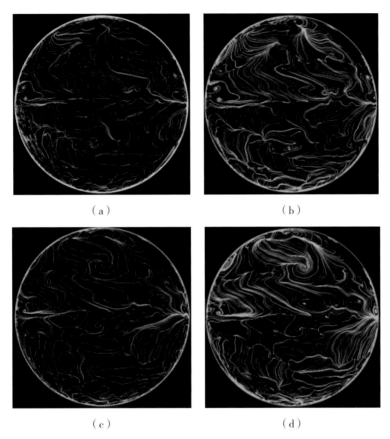

（a）　　　　　　　　　（b）

（c）　　　　　　　　　（d）

图5-17　海洋流场可视化表达效果对比

（a）原模型1月；（b）改进模型1月；（c）原模型2月；（d）改进模型2月

5.5.3　基于纹理映射的流场可视化

基于纹理的可视化模块采用了纹理映射技术将纹理图片贴到球体上，其过程如下。

5.5.3.1　纹理的载入

通过 TextureLoader.FormFile 方法，从文件中创建纹理。

5.5.3.2　顶点纹理坐标的分配

利用顶点缓存和索引缓存进行实现数据信息的存储，在 DirectX 中有一种定义顶点的结构，即 CustomVertex 类，类型采用了 PositionTextured，包括空间坐标和纹理坐标，实现把纹理颜色作为像素的最终颜色，覆盖原有的像素。其中，空间坐标是通过 MathEngine.SphericalToCartesian 方法进行大地坐标系与空间几何坐标系的转换获得的，其对应的纹理坐标 (u, v) 计算方法如式（5-11）所示。

$$\begin{cases} u = \dfrac{j}{nCols} \\ v = \dfrac{nRows - i}{nRows} \end{cases} \qquad (5\text{-}11)$$

其中，nRows,nCols 表示纹理的行列数。

5.5.3.3 当前渲染纹理的设置

通过 device.SetTexture 方法，设置当前渲染的纹理。

5.5.3.4 纹理渲染状态的设置

通过 device.SetTextureStageState 方法，设置纹理渲染状态。

5.5.3.5 顶点缓冲区的渲染与绘制

调用 SetStreamSource 方法实现一个顶点缓存绑定到一个设备数据流，建立顶点数据和一个顶点数据流端口之间的联系。通过调用 device.DrawIndexedPrimitives 绘制方法将基于顶点数组中的索引呈现指定的几何基元，本模块几何基元为三角形。

定义好以上变量后，调用 Render 方法即可完成绘制。

在基于纹理的流场可视化表达中，采用 LIC 线积分卷积方法对局部流线进行卷积获得纹理，其中根据流速的大小计算每个网格与流速相关的局部流线长度，针对获得的纹理只能反映流场的流向信息这一问题，对算法进行改进，根据流速获得网格像素值，通过权重法对速度和 LIC 黑白纹理进行融合获得彩色纹理。通过在 World Wind 中渲染展示算法实现结果验证了其可行性与有效性，具有实际应用意义。

由 LIC 线积分卷积方法获得的纹理图呈黑白色调，只能反映出流向信息，可以结合由 LIC 纹理映射的方法获得的每个网格的像素值和由速度生成的每个网格像素值，设定两像素值对应的比重，进行加权计算获得彩色纹理的像素值，最终获得彩色纹理（图 5-18）。

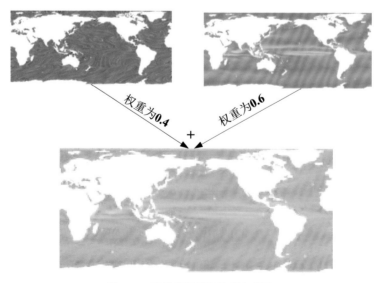

图5-18 海洋流场彩色纹理生成图

纹理可视化图像表达和显示是把由预处理纹理算法获得的纹理图片展示到三维地球模型上的过程（图 5-19 和图 5-20）。

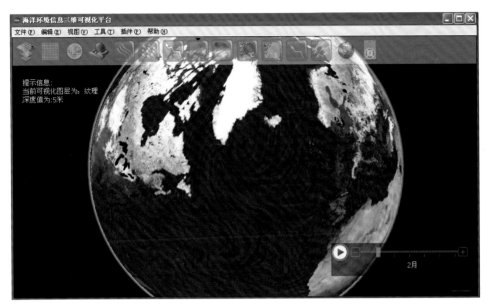

图5-19　基于普通纹理的流场可视化

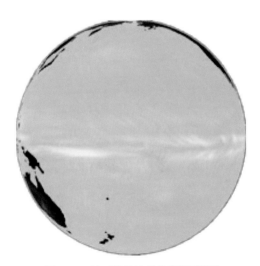

图5-20　基于彩色纹理的流场可视化

5.5.4　基于粒子系统的可视化

5.5.4.1　粒子的存储结构

为更好地表达出流场的流速和流向，本文确定粒子的形态为线粒子，通过控制线粒子的颜色透明度表示流向，通过粒子运动的快慢展现流速。由上，确定粒子结构如下：

```
public struct Particles
{
public float Lon;
```

```
public float Lat;
public floatDeep;
public int rowNum;
public int colNum;
public int deepNum;
public List<CustomVertex.PositionColored> lineParticles;
}
```

其中，Lon，Lat，Deep 变量分别存储粒子所在的经度值、纬度值和深度值；rowNum，colNum，deepNum 变量分别存储粒子所在的行号、列号和层次号，以方便读取所在格网的 *UV* 值；lineParticles 存储线粒子的结点位置和颜色。

本文中，利用列表 List 结构存储粒子系统，定义为 List<List<Particles>> pFramesActiveParticle，pFramesActiveParticle[i] 表示索引 i 处的粒子情况，i= rowNum*nCols+ colNum，即第 rowNum 行 colNum 列格网中含有的粒子。

5.5.4.2　粒子初始化

遍历流场格网数据，在 UV 的格网中，随机位置放置 1 个粒子，并对粒子进行属性初始化。

5.5.4.3　粒子的运动与更新

粒子的运动与更新是指粒子随时间的变化，其空间位置和速度不断更新的过程，空间位置的变化可通过点粒子追踪原理进行计算，计算如公式（5-12）所示；对于流速是通过计算所在的行号、列号、层次号从流场规则格网数据读取获得的。

$$Lon_{i+1} = Lon_i +U [rowNum, colNum, deepNum] * \Delta t$$
$$Lat_{i+1} = Lat_i +V [rowNum, colNum, deepNum] * \Delta t$$

（5-12）

5.5.4.4　粒子的生成与消亡

粒子的数量是粒子系统最重要的参数之一，它决定了模糊物体的密度，直接关系到图形的逼真度。若粒子数量过少，图形将会严重失真；当粒子数量过多时，计算及绘制的时间增大，又会使粒子系统的实时性严重下降，因此，选择合适的粒子数量十分关键。一般根据图形的真实感和实时性在实际中的重要程度，来确定粒子数量的范围。

粒子的生命周期是从粒子生成开始至达到消亡条件存在，该阶段定义为粒子有生命。为控制粒子密度，本节确定每个流场格网中至少包括 1 个线粒子，最多不超过 12 个线粒子。粒子的生成与消亡条件包括以下几种：

（1）若当前粒子进入下一格网且下一格网中粒子个数小于 12，则将该粒子添加到下一格网，并将该粒子从当前格网删除；

（2）若当前粒子进入下一格网且下一格网中粒子个数大于 12，则删除该粒子；

（3）若当前粒子达到流场边界，则删除该粒子；

（4）遍历格网数据，若某格网流速不为 0 且粒子个数小于 1，则在该格网生成新粒子。

5.5.4.5 粒子的绘制

绘制粒子主要是要用绘制函数将其送往显示缓存，其绘制与绘制普通图形是一致的。本文主要是调用了 DirectX 中的绘制接口和方法进行绘制的。

在基于粒子系统的可视化中，为提高可视化效率，也采用了多线程和基于视点的 LOD 算法，其过程与基于箭头的可视化过程类似（图 5-21），在此不再赘述。

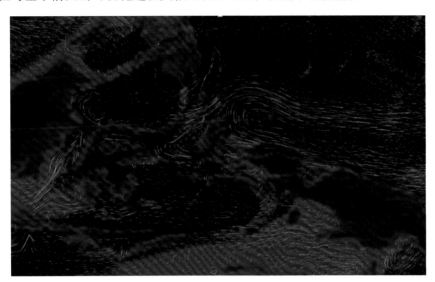

图5-21　基于粒子系统的可视化

5.6　海浪动态可视化

海浪具有复杂的动力学和时空特性，对其三维模拟有着特殊的要求，这使得海浪建模及绘制成为海浪仿真模拟中的难点。海浪建模的本质是海浪的真实感绘制，它是海洋环境仿真的基础，在很大程度上决定了仿真效果的好坏。

5.6.1　海浪建模基本原理

结合海浪复杂的特性以及海浪建模方法的研究现状，采用一种基于粒子的拉格朗日法，将粒子系统与物理模型结合进行海浪的模拟。一个海浪粒子系统的模拟，我们看到的只是一堆离散的水粒子，海浪真实感较差。在进行场景渲染时，需要通过计算密度场的相关信息来构造海浪表面。针对此问题，提出了一种基于移动立方体法（Marching Cubes 算法，简称 MC 算法）的海浪运动的自由表面抽取算法，完成了海浪场的表面建模。

5.6.1.1 SPH 基本原理

光滑粒子流体动力学（Smoothed Particle Hydrodynamics，SPH）方法是一种由一组粒子代替流体获得流体动力学公式的近似数学解决方案的方法。它的基本思想是将连续的流体描述为相互作用的粒子质点，各个粒子质点上承载着各种物理量，如质量、速度、加速度等，通过求解质点组的动力学方程和跟踪每个粒子的运动轨迹，求得整个系统的力学行为。对于每个单独的流体粒子，仍然遵循最基本的牛顿第二定律，由于在SPH算法中，流体的密度决定了流体单元的质量，一般用密度代替质量，所以这里遵循牛顿第二定律公式可以表示为公式（5-13）的形式。

$$\vec{F} = \rho \vec{a} \tag{5-13}$$

SPH方法是一种无网格拉格朗日算法，它通过一系列粒子质点的"核函数估值"将流体力学基本方程组转换成数值计算用的公式。其核心是核函数，它表示在一定的光滑长度范围内其他临近粒子质点对研究粒子影响程度的权函数。假设流体中某点 r，在光滑核半径 h 范围内受数个粒子影响，其位置分别是 r_0，r_1，r_2 …，r_j，如图 5-22 所示，该点位置处某项属性 A 的累加值就可以用公式（5-14）来表示。SPH方法中粒子质点的物理量（如密度、压力、速度）都能通过该公式得到。

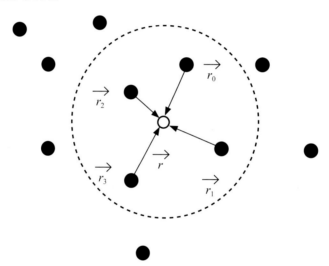

图 5-22　光滑核函数影响域内的粒子示意

$$A_s(\vec{r}) = \sum_j A_j \frac{m_j}{\rho_j} W(\vec{r} - \vec{r_j}, h) \tag{5-14}$$

其中，A_j 是要累加的某种属性，m_j 和 ρ_j 是周围粒子的质量和密度，r_j 是该粒子的位置，h 是光滑核半径，函数 W 为光滑核函数。

SPH方法由于粒子质点之间不存在网格关系，它可以避免因变形引起的网格扭曲从而造成精度破坏等问题，而且也能方便地处理不同介质的交界面，比较适合求解碰撞等动态变形问题。另外，由于SPH方法使用粒子系统，通过描述粒子来代替对整个流体的描述，简化了问题，同时保证了质量和动量的守恒，减少了很多复杂的计算。鉴于SPH方法具有的这些明显优势，此方法在许多领域有着重要的应用。例如，SPH方法可以有效地处理表面流的问题，最典型的应用是对溃坝的模拟；许多研究人员将SPH方法应用于冰体的模拟，可以解决当大型冰体的边缘进行移动时，网格单元会迅速发生扭曲变形等问题；另外，SPH 方法还被应用到物体因碰撞而发生的爆破与破裂等现象。

SPH 方法在流体模拟中固然有它自身的优点，但也存在缺陷。从流体模拟效果来看，使用粒子很难构造出平滑的液体表面，从而降低了模拟的仿真程度。所以本文针对此问题，进行了研究，通过改进的 MC 算法来构建平滑的海浪表面。

5.6.1.2 MC 算法基本原理

MC 算法在众多构建三维空间数据场等值面的方法中最具有代表性，在 1987 年由 W.E Lorenson 等提出的。其本质是将三维数据场中具有某阈值的物质提取出来，然后以某种拓扑形式连接成三角面片，它属于体素单元内抽取等值面的技术之一。其中，等值面指的是空间中的一个曲面，是空间中具有某个相同属性值的点的集合。

MC 算法的基本思想是将整个三维数据所在空间按照一定的规则划分成一个个体元（这里指的是立方体），立方体元 8 个顶点都拥有自己的函数值，根据给定的阈值对体元 12 条边进行插值，构造体元内部的三角面片，连接所有体元的三角面片完成等值面的提取。最后通过计算三角面片顶点的坐标及法向量，从而绘制出真实感较强的三维物体。应用 MC 算法提取等值面主要有以下两方面的内容。

1) 等值面位置的计算

在离散的三维空间数据场中，通过每次读取连续两张切片数据形成一个层，两张切片上下相对应的 8 个点构成 1 个立方体体元，其中体元各顶点具有自己的属性值。这样整个三维空间可以视为由多个拥有顶点值的规则体元构成，如图 5-23 所示为三维规则数据场与体元。在 MC 算法中，需要给定一个等值面的值，这里称为阈值，将阈值依次与体元的 8 个顶点作比较，比较的结果由两种情况构成：第一种是顶点的函数值小于阈值；第二种是顶点函数值大于或等于阈值。根据比较结果将各顶点标记为内部和外部两种状态，可以理解为二进制值 0 和 1。如果一条边的两个顶点分别属于这两种情况，则说明这条边与等值面有交点。

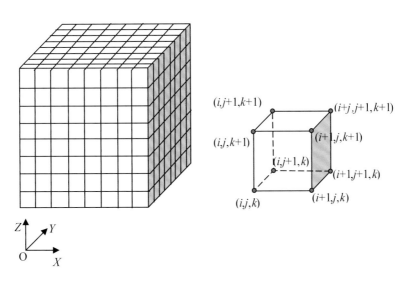

图 5-23　三维空间数据场及体元

由于每个体元的 8 个顶点分别可能具有两种状态，因此每个体元进行比较后有 2^8=256 种情况。经过分析，这 256 种情况存在对称性。如果将一个体元顶点的两种状态互换后，等值面的连接是不变的［图 5-24（a）］，根据体元的这种互补对称性，256 种不同情况的种类将减少到 32 种。另外，体元八个顶点存在旋转对称性，即旋转立方体体元后，许多情况是同构的［图 5-24（b）］，这样将不同情况进一步组合，可以减少到 16 种情况，这 16 种情况包括所有顶点均在等值面内与均在等值面外两种，这两种情况下体元 12 条边与等值面均无交点，拓扑结构一致，可以合并为一种情况。

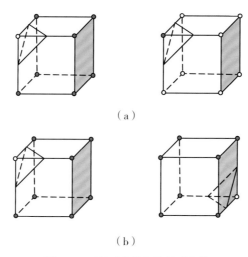

（a）

（b）

图5-24　互补对称性与旋转对称性

（a）互补对称性；（b）旋转对称性

经过合并后 15 种情况如图 5-25 所示，把这 15 种基本的情况经旋转，倒置后可以得到完整的 256 种情况。

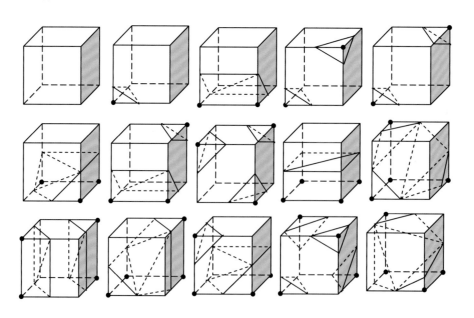

图5-25　体元插值的15种基本情况

基于上面的分析，在实现方法上，可以由立方体体元的 8 个顶点的内部和外部两种情况得到一个 0 ~ 255 的索引值，如图 5-26 所示。MC 方法用一个字节的空间构造了一个体元的状态表，表中每一位代表相应顶点的状态（0 或者 1）。根据这个索引表和体元的互补对称性与正反对称性，可以知道体元属于图 5-23 中的哪一种情况，以及等值面与体元哪条边相交。

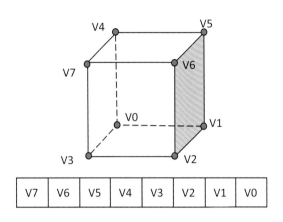

图5-26 体元顶点状态表

在确定等值面与体元的相交状态后，需要计算构造的三角面片顶点的位置。当三维离散数据场的密度较高，即体元很小时，可以假设函数值沿着体元的边界呈线性变化。所以，等值面与体元边的交点可以通过线性插值来求得，如式（5-15）所示。

$$V = V0 + (V0 - V0)\ \frac{C - Value0}{Value1 - Value0} \qquad (5\text{-}15)$$

其中，V 代表所求交点的位置坐标，$V0$、$V1$ 代表体元边界的两个顶点坐标，C 代表给定的阈值，$Value0$ 与 $Value1$ 代表体元边界两个顶点的函数值。

2）顶点法向量的计算

为了使构建的物体更加真实，需要添加光照等效果，所以需要确定三角面片的法向量，从而对光照效果进行计算，绘制较真实的三维图像。由于等值面上任一点沿面切线方向上的梯度分量都为零，所以等值面上点的法向量可以用梯度矢量方向来表示。而且等值面往往是两种具有不同密度的物质的分界面，所以其梯度矢量不会为零值，即

$$g\,(x,\,y,\,z) = \nabla f\,(x,\,y,\,z) \qquad (5\text{-}16)$$

实际中，直接计算三角面片的法向量比较费时。为了避免三角面片之间产生不连续的明暗度变化，只要计算三角面片顶点处的法向量，并采用高洛德着色（Gouraud Shading）模型绘制三角面片即可。计算三角面片各顶点法向量，首先需要采用中间差分法计算体元顶点的梯度值；然后，同样采取等值面与体元边交点插值计算的方法，根据体元边的两个顶点的梯度值插值得到交点处的法向量。其中，采用中间差分法计算体元顶点梯度的公式为：

$$G_x = \frac{f(x_{i+1}, y_j, z_k) - f(x_{i-1}, y_j, z_k)}{2\Delta x}$$
（5-17）

其中，$f(x_{i+1}, y_j, z_k)$ 与 $f(x_{i-1}, y_j, z_k)$ 代表体元中所求顶点的临近两顶点函数值；代表体元的边长。

5.6.2 海浪可视化实现

5.6.2.1 海浪运动的实现

海浪运动的实现分为 3 个过程：第一，创建粒子类，初始化粒子属性；第二，利用密度、压强等计算公式，确定每个粒子的密度、压强及速度；第三，根据临界条件调整加速度，计算每个粒子的速度变化，从而得到粒子位置的变化。

5.6.2.2 海洋表面的实现

第一步，根据体元与等值面相交的 256 种情况构建状态表。此表包括索引、指向 256 种相交边情况的指针以及三角剖分模式。其中，索引指的是标记 8 个顶点状态的有序二进制编码。

第二步，确定海浪粒子群的空间范围，构造立方体体元。通过遍历所有海浪粒子获取粒子三维坐标位置的最大值和最小值，然后设定立方体体元的边长，划分体元并为各体元 8 个顶点赋坐标值。

第三步，在划分体元后，计算体元各顶点的函数值，即密度值。密度值的计算方法同海浪粒子的密度计算。

第四步，比较体元每个顶点的密度值与给定的等值面值：若顶点密度值大于给定阈值，赋值为 0；否则赋值为 1，这样会构造一个表示顶点与阈值之间关系的二进制值。比如，10111111 表示顶点 V6 的值大于给定的等值面值。

第五步，查找构造的状态表，得到一个代表与体元边界有交点的二进制值。例如，第四步中根据顶点的二进制值查找状态表得到的代表相交边状态的二进制值为：010001100000，它表示与边 5、边 6、边 10 有交点。

第六步，通过线性插值方法，计算体元边界与海浪密度等值面的交点坐标；利用中心差分方法，计算体元各顶点处的法向，然后通过线性插值方法，求得所构造的三角面片各顶点处的法向量。

最后，利用 OpenGL 中的 glBegin(GL_TRIANGLES) 三角面片绘制方法，根据插值得到的各三角面片的顶点坐标值以及法向量绘制等值面图像。

5.6.2.3 海浪可视化结果

为了验证所提海浪建模方法及水体渲染方法的正确性及可用性，提供了 3 种渲染模式来显示结果，分别是粒子渲染方式、网格渲染方式与水体渲染方式，用户可以通过键盘交互，选择任意一中显示模式。比如，按下选择网格模式按钮，就会显示海浪的网格模型。各种显示模式分别见图 5-27、图 5-28 和图 5-29。

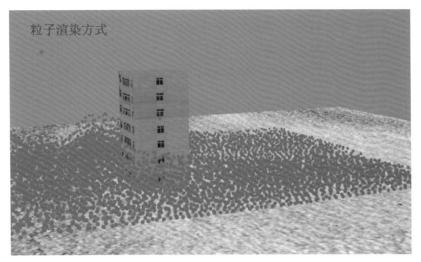

图5-27　海浪模拟的粒子渲染方式

图5-28　海浪模拟的网格渲染方式

图5-29　海浪模拟的水体渲染方式

第6章 海洋预报业务平台

海洋预报业务平台面向海洋预报业务应用，整合集成了海洋观测、监测和监控数据，建设了海洋预报实时数据库，开发了海洋预报产品系统，包括海浪、风暴潮、热带气旋、海洋气象、海冰、数值预报、专项服务等子系统以及配套的数据监控和预报管理子系统。根据国家、海区和省（区、市）海洋预报单位的不同需求，在国家海洋环境预报中心、国家海洋局北海预报中心、国家海洋局东海预报中心、福建省海洋预报台、国家海洋局厦门海洋预报台、国家海洋局北海海洋环境监测中心站安装部署并业务化应用，收集反馈意见，不断优化、完善系统，发布了海洋预报业务平台软件 V1.0 版本及后续升级版本 V1.x，弥补了海洋预报信息化领域空白。

海洋预报业务平台为我国海洋预报提供了统一的产品制作软件，支持多要素预报的一体化分析、制作，实现了海洋预报工作的信息化、自动化、标准化，提高了海洋信息处理、分析、预报和产品制作的精度、效率和美观程度，促进了海洋预报保障和综合管理，保障了预报工作快速、准确、稳定、高质量地完成。

6.1 系统组成

海洋预报业务平台建设以海洋预报基础 GIS 平台和海洋环境信息可视化平台为技术支撑，结合海洋预报各专项业务需求，在充分借鉴已有成果的基础上，利用成熟软件技术，开发海洋预报产品系统，辅助预报员制作准确、符合标准规范、美观、可灵活定制的业务化预报产品，全面提升海洋预报服务能力。包括：

（1）海浪预报产品子系统；

（2）风暴潮预报产品子系统；

（3）热带气旋预报产品子系统；

（4）海洋气象预报产品子系统；

（5）海冰预报产品子系统；

（6）数值预报产品子系统；

（7）数据监控子系统；

（8）海洋预报管理子系统。

6.2 平台架构

系统采用 C/S 架构模式，在服务器端集中管理资源、数据，完成数据接收分发、预报产品上传共享，数据加密、压缩、数据访问管理等任务。在客户端聚焦预报业务应用，通过服务端的数据访问接口进行数据实时交互，面向用户为预报人员，为其提供业务工作平台，辅助预报产品制作（图6-1）。

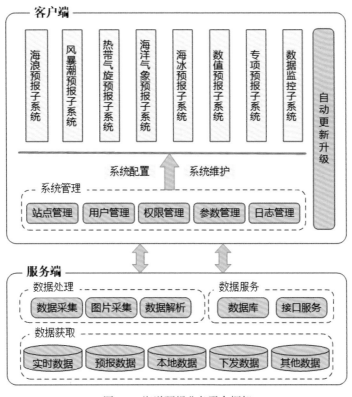

图6-1　海洋预报业务平台框架

海洋预报业务平台基于 Microsoft.NET 平台研发，是一款界面友好、操作便捷、部署灵活、稳定高效的业务化预报产品软件，满足了海洋预报业务对系统易用性、互操作性、灵活性和稳定性的迫切需求。

6.3　服务端

服务端的主要功能是数据获取与数据处理。海洋预报业务平台所需的多源观测数据、参考资料、数值预报产品等资料来源众多、格式各异，在接入系统时需要进行收集、整合和处理，服务端的主要任务之一就是实现多源数据的统一接入和管理。

服务端包括数据获取和数据处理两部分，其中，数据获取实现对网络发布的观测数据、预报机构参考资料等的数据获取，该部分依据信息发布手段和技术方法的不同，采用多种方式实现，如通过 Web Service 接口方式、基于页面抓取方式等，并将获取到数据按照其特点进行组织存储。数据处理实现对海洋观测数据文件、数值预报数据等的解码解析、质量控制，加工处理和存储管理。

6.3.1　数据获取

　　数据获取主要分为针对参考预报资料的图片采集、针对页面发布观测数据的页面解析采集和外部数据采集 3 类。

6.3.1.1　图片采集

　　针对各预报机构的地面分析、预报图件、卫星云图产品以及各类参考图件类页面，研制自动化采集作业，通过对页面结构分析，自动下载图件文件，并按照预定方式组织和存储。以单个作业为例，通过设置采集网址、采集间隔和保存位置等参数后，启动程序，作业会根据用户的配置，间隔指定时间到指定的路径采集图片，并把数据存储到用户指定的文件夹（图 6-2）。

图6-2　图片采集程序界面

6.3.1.2 页面解析采集

针对网络发布的热带气旋实况及预报、台湾周边浮标等数据，研制自动化页面解析及数据提取作业，并按照数据库设计入库存储。以单个作业为例，通过设置采集网址、采集间隔和数据库参数后，启动程序，作业会根据用户配置，定时启动网页爬取程序，解析界面 DOM 结构提取对应数据，并存储到数据库中（图 6-3）。

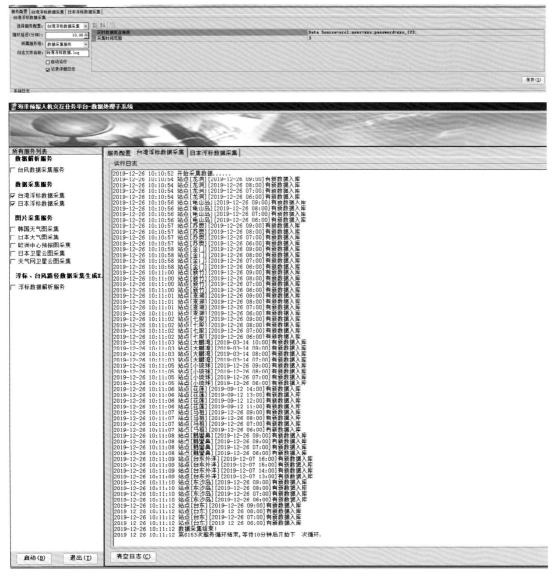

图6-3 中国台湾地区浮标采集作业

6.3.1.3 外部数据采集

通过简单的配置，如设置程序循环的间隔时间、数据将保存的数据库连接串等。程序会根据用户的配置，在指定时间间隔条件下到指定路径采集数据，并把数据录入到指定的数据库表中（图 6-4）。

图6-4　数据采集程序界面

6.3.2　数据处理

对自然资源部属海洋站、浮标、近海志愿船等多种观测资料的自动同步、解码解析处理和存储入库。

采用多线程技术，并行处理种类繁多的海洋预报实时数据，充分利用内存和CPU资源，提高预报数据处理的即时性。灵活的插件式框架定义了标准的扩展接口以供新预报数据的集成，并有良好的线程管理机制保证运行于同一框架的不同应用服务互不影响，提升系统的稳定性。

目前，主要具备的功能如下：

（1）数据文件资料自动化同步；

（2）海洋站正点（OHM报文）解码及初步质控、存储入库；

（3）海洋站整点数据的解析、存储入库；

（4）海洋站分钟数据的解析、存储入库；

（5）自然资源部属浮标观测报文或数据的解码和解析、存储入库；

（6）自然资源部接收的近海志愿船观测报文解码、存储入库；

（7）GTS 资料中固定地面、海洋地面观测报告和浮标观测报告解码、存储入库。

6.3.2.1 数据文件同步

实现从数据源的文件增量同步和备份，为后续开展数据资料的处理奠定基础。支持通过共享目录、映射盘、FTP 等方式与数据源连接，通过新增规则的方式实现从不同数据源的文件同步以及同步策略，确定规则后开启数据服务，该程序将定时运行，其界面如图 6-5 所示。

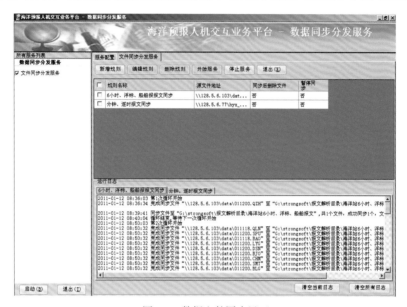

图6-5　数据文件同步界面

同步规则包括指定源文件路径、目标路径、目录过滤、文件筛选条件、重命名规则、同步后操作处理等，其设置如图 6-6 所示。

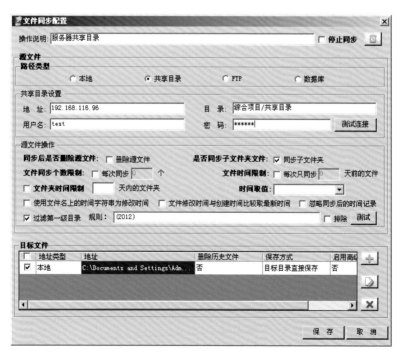

图6-6　同步规则设置

6.3.2.2 数据资料处理

针对海洋站（报文编码、逐时和分钟）数据、浮标（报文编码、XML 格式）、志愿船（报文编码、XML 格式）、全球电传系统（报文）数据分布开发数据解析处理作业，并以集成在数据处理系统统一框架上。以单个作业为例，通过预先的配置，如设置程序循环的间隔时间、报文存放路径、数据存储的数据库连接串等。程序会根据用户的配置，间隔指定时间到指定的报文路径获取报文，解析报文中的数据，并把数据录入到指定的数据库表中（图6-7）。

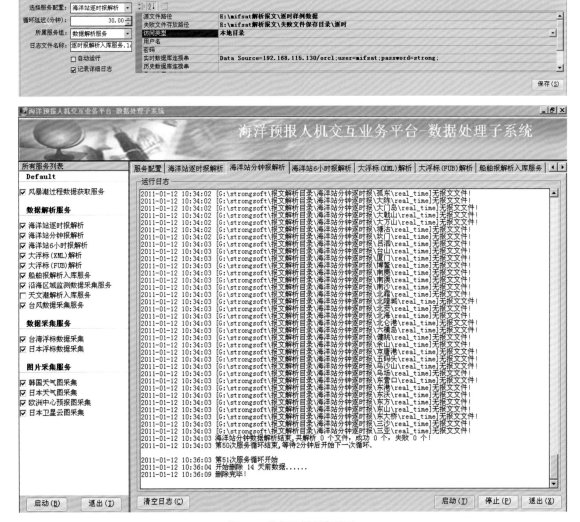

图6-7　数据解析程序界面

6.4 客户端

客户端由 7 个预报产品子系统、1 个数据监控子系统和 1 个海洋预报管理子系统组成。7 个预报产品子系统涉及海洋预报业务的核心内容，包括海浪、风暴潮、热带气旋、海洋气象、海冰、数值预报和专项预报。每个预报产品子系统的主要功能包括基础地图功能、数据检索、数值模式可视化、互联网采集图片查询、交互式绘图、预报产品制作及系统设置等功能。数据监控子系统主要是对数据传输网海洋观测数据的文件和要素到报情况进行监控、统计和可视化，做为预报业务平台的辅助和支撑，方便系统管理人员和用户获悉实时观测数据的具体情况。海洋预报管理子系统是对整个预报业务平台的配置和管理，与各预报产品子系统中的系统设置模块相辅相成，功能包括观测站点管理和用户管理。

6.4.1　海浪

海浪预报产品子系统针对海浪预报业务需求，把海浪预报业务常用数据和功能进行集成，提高海浪预报产品制作自动化水平，其系统流程如图6-8所示。

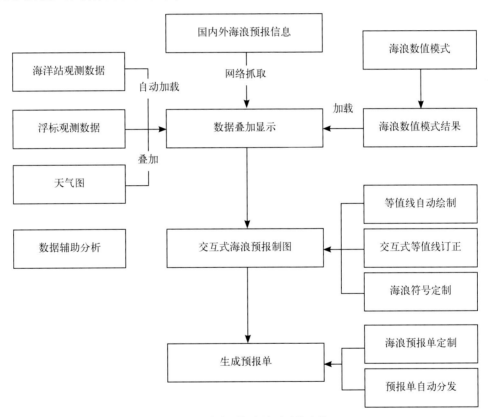

图6-8　海浪预报产品子系统流程

系统基本流程：系统初始化自动加载显示基础数据，使用数据访问接口从服务器端获取海洋站数据、浮标数据、天气图等相关数据，叠加显示海洋站、浮标数据、天气图，供预报员分析使用。系统提供辅助分析功能包括历史观测站的快速查询、时序过程曲线分析等。预报员可以通过预报绘图功能交互式绘制海浪等值面、添加海浪预报符、图例信息，制作预报图件，通过定制预报产品模板功能，生成预报单并快速发布。

6.4.1.1 基础地图功能

由基础图层和观测图层的基础地图功能组成，包括地图的视野范围选择、放大、缩小、漫游、点选、截图、站点标注显隐和经纬网格显隐以及控制基础地图信息和观测查询结果图层的显示隐藏等功能，如图 6-9 所示。

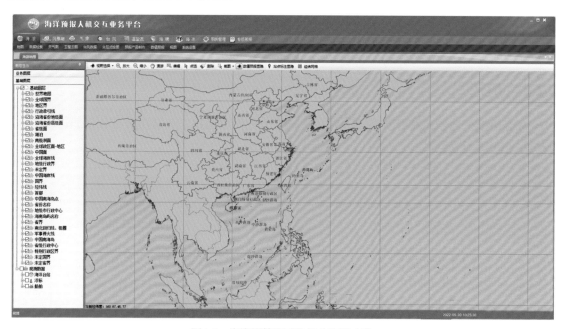

图6-9 海浪预警报系统基础地图功能

1）基础图层功能

基础图层采用树形结构组织，由基础图层和观测站位两个根节点组成。其中，基础图层节点由国界线、省市界线和行政中心等静态矢量数据层组成；观测站位仅包括海洋台站矢量数据层。每个图层均带有复选框，支持勾选控制图层的显示隐藏。

2）观测图层功能

观测图层的数据组织方式与基础图层一致，也采用树形结构，其根节点由不同数据源的图层检索结果组成，如大面查询、数值模式、地波雷达等。用户通过每级树形节点的复选框，控制查询结果图层的显示隐藏。

6.4.1.2 数据检索

包括大面查询和单站查询功能。

1）大面查询

大面查询是通过图层方式展示某一瞬时时刻的指定海洋台站海浪、风观测结果。用户选择观测站位和时间范围，执行检索过程后，将检索结果以图层列表方式返回到大面检索列表中，并以图形方式展示在地图视窗（6-10）。

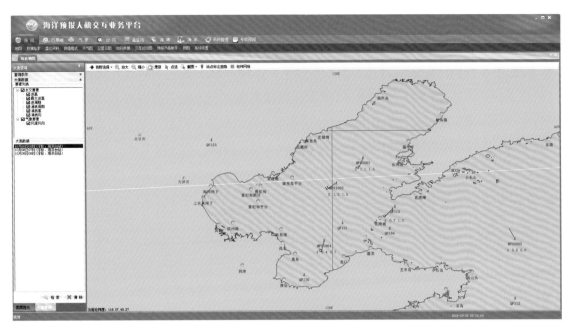

图6-10 大面查询结果地图显示

2）单站查询

单站查询是通过曲线图和数据表格表示某一观测站在一段时间范围内的海浪、风要素的
变化过程。用户选择观测站位和时间范围，完成检索后系统将查询结果以数据表方式显示，
如图 6-11 所示。

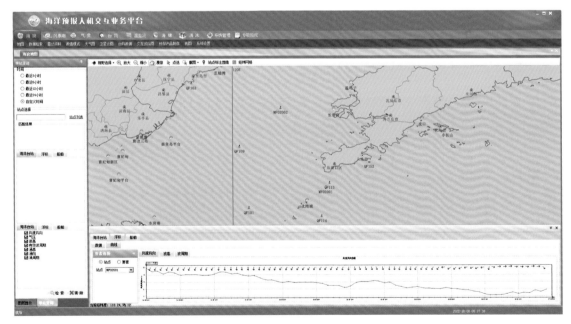

图6-11 单站查询结果展示

数据表格展示提供数据显示、数据人工订正、数据导出功能。用户通过站点的下拉框进
行站点之间切换，站点的观测数据在右侧的数据表格中显示。观测数据表提供人工订正功能，

支持用户对表格中的数据进行修改、补充，并可显示订正之后的曲线。单站导出和全部导出按钮支持用户对右侧数据表中的观测数据导出为 CSV 文件。

数据曲线查询结果展示方式分为站点和要素两种，默认是基于站点方式，不同站点通过站点下拉列表进行切换，如图 6-12 所示。数据曲线展示上提供曲线展示功能，支持曲线图的移动、图片复制、图片另存为、显示节点值、恢复默认等功能。数据列表展示提供按照时间序列排序的时刻信息及对应要素值，若该时刻没有数值，则数据项显示为空。

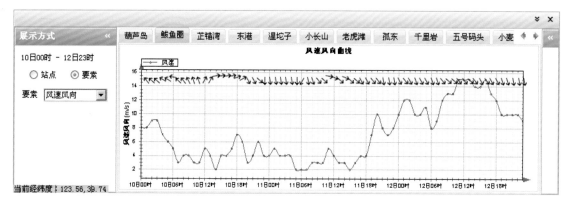

图6-12 数据曲线查询结果展示

6.4.1.3 雷达资料检索

雷达资料检索模块提供龙海、东山地波雷达数据。

雷达资料检索模块提供时间选取方式，依据用户指定检索的起始时间和结束时间，选择地波雷达观测要素的类型，如流场、海浪、风场，将检索结果以数据列表的形式展示出来，并能在地图上对地波雷达反演的海浪场数据进行可视化展示（图 6-13），支持查询及查询结果清除功能。

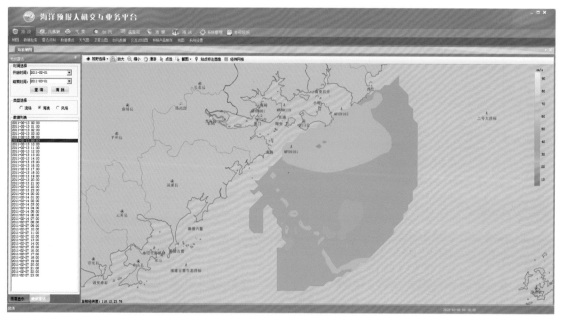

图6-13 地波雷达海浪场可视化

6.4.1.4 数值模式结果可视化

数值模式结果可视化模块由全球海浪模式、西太平洋海浪模式、渤黄海海浪模式、东海海浪模式、北部湾海浪模式的结果可视化功能组成，模块依据用户选择，自动加载数值模式显示窗体。

1）全球海浪模式

模块位于功能面板，提供"要素名称""预报时间""起报时间"和"预报时效"等参数选择。系统默认加载数值模式结果的整体空间范围，也可依据实际情况输入参数进行配置。模块依据参数设置，绘制全球海浪模式数值场，在地图上对数值模式结果进行可视化展示，并提供地图上全球海浪模式数据的清除功能。

2）西太平洋海浪模式

模块位于功能面板，提供"要素名称""预报时间""起报时间"和"预报时效"等参数选择。系统默认加载数值模式结果的整体空间范围，也可依据实际情况输入参数进行配置。模块依据参数设置，绘制西太平洋海浪模式数值场，在地图上对数值模式结果进行可视化展示（图6-14所示），并提供地图上西太平洋海浪模式数据的清除功能。

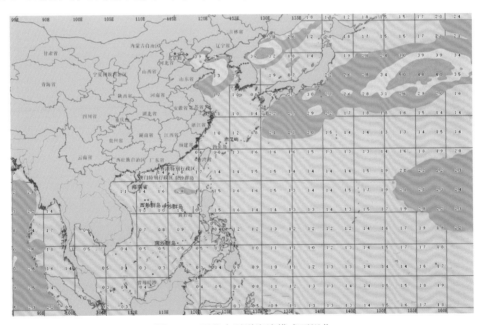

图6-14　西北太平洋海浪模式可视化

3）渤黄海海浪模式

模块位于功能面板，提供"要素名称""预报时间""起报时间"和"预报时效"等参数选择。系统默认加载数值模式结果的整体空间范围，也可依据实际情况输入参数进行配置。模块依据参数设置，绘制渤黄海海浪模式数值场，在地图上对数值模式结果进行可视化展示（图6-15），并提供地图上渤黄海海浪模式数据的清除功能。

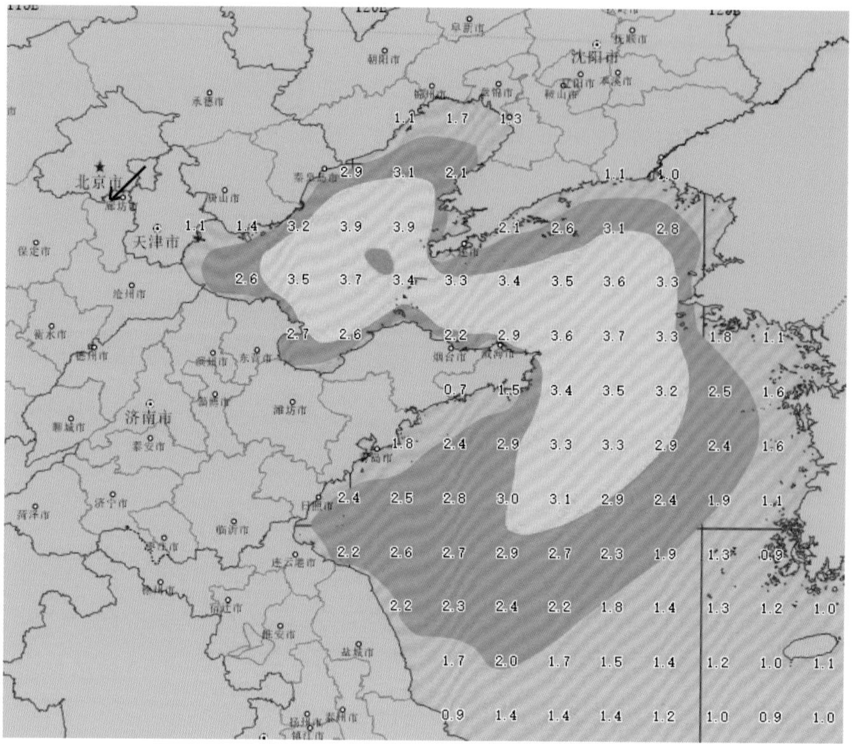

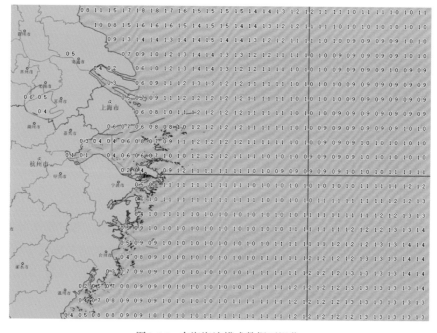

图6-15 渤黄海海浪模式数据可视化

4）东海海浪模式

模块位于功能面板，提供"要素名称""预报时间""起报时间"和"预报时效"等参数选择。系统默认加载数值模式结果的整体空间范围，也可依据实际情况输入参数进行配置。模块依据参数设置，绘制东海海浪模式数值场，在地图上对数值模式结果进行可视化展示（图6-16），并提供地图上东海海浪模式数据的清除功能。

图6-16 东海海浪模式数据可视化

5）北部湾海浪模式

模块位于功能面板，提供"要素名称""预报时间""起报时间"和"预报时效"等参数选择。系统默认加载数值模式结果的整体空间范围，也可依据实际情况输入参数进行配置。模块依据参数设置，绘制北部湾海浪模式数值场，在地图上对数值模式结果进行可视化展示（图6-17），并提供地图上北部湾海浪模式数据的清除功能。

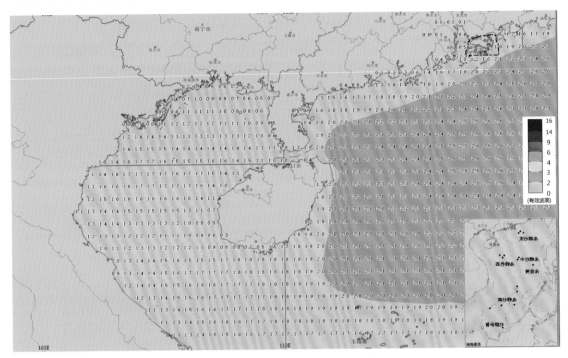

图6-17　北部湾海浪模式数据可视化

6.4.1.5　天气图、卫星云图检索与查看

1）天气图检索与查看

包括日本天气图、韩国天气图和欧洲中心天气图的检索与展示。

日本天气图模块提供 JMA 发布的日本天气图实况和预报图件的查询，支持幻灯片式播放，见图 6-18 所示。韩国天气图模块提供 KMA 发布的韩国天气图实况和预报图件的查询，支持幻灯片播放。欧洲天气图模块提供欧洲中心发布的天气图实况和预报图件的查询，支持幻灯片式播放。

2）卫星云图检索与查看

包括日本卫星云图和天气网卫星云图的检索与展示。

天气网卫星云图模块提供中国天气网发布的卫星云图的查询功能，支持云图叠加显示。日本卫星云图模块提供 JMA 发布的日本卫星云图的红外、可见光和水汽卫星遥感产品图件查询功能，支持幻灯片播放，见图 6-19 所示。

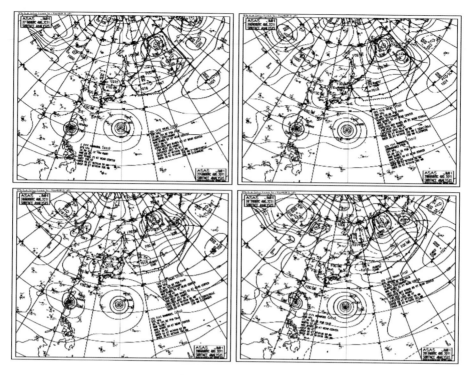

图6-18 日本天气图查看

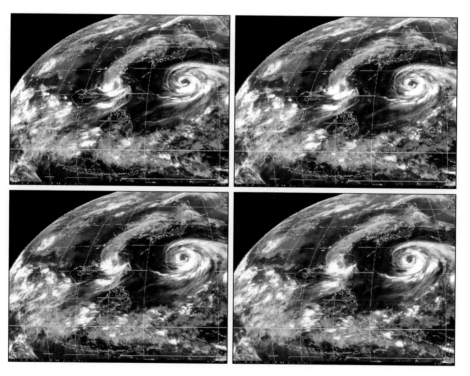

图6-19 日本卫星云图展示

6.4.1.6 热带气旋数据检索

包括热带气旋实况查询和热带气旋预报查询两个功能。

热带气旋实况检索依据查询年份，热带气旋名称等条件对历史及当前热带气旋信息进行检索，检索结果包括台风数据列表、台风路径、台风详细信息、台风图例、预报图例等信息，如图 6-20 所示。

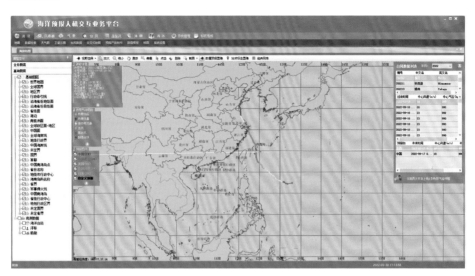

图6-20　热带气旋数据展示

热带气旋预报检索依据年份、台风名称等条件提供气象预报部门制作的热带气旋警报产品。检索后将结果以列表的形式呈现，并在地图视窗中展示。

6.4.1.7　交互式绘图

包括交互式绘图、标绘图层和绘图产品查询 3 个功能。

1）交互绘图

交互绘图主要功能包括绘图维护、绘图工具、快捷标注、标注、点符号编辑、线符号编辑、面符号编辑等，如图 6-21 所示。

图6-21　交互绘图功能面板

2）标绘图层

模块提供标绘图层功能面板，支持显示、矢量化输出已保存的预报警报图件的功能，如图6-22所示。此外，标绘图层支持预报警报图件的矢量化导出功能，导出格式为标准Shapefile格式，坐标系为WGS-84。

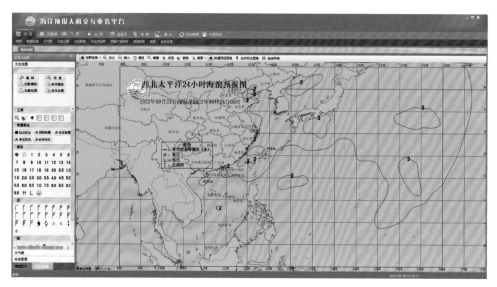

图6-22　标绘查询结果显示

3）绘图产品查询

绘图产品查询通过指定时间范围、文件夹路径和产品类型，提供界面供用户检索已经制作的预报图和预报单产品，并提供FTP上传功能，用户通过勾选确定需上传的产品目录，实现预报产品的批量上传，如图6-23所示。

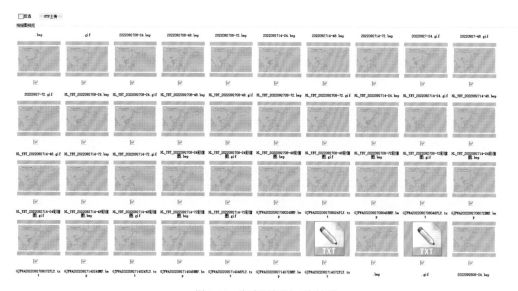

图6-23　海浪预报图查询结果

6.4.1.8　预报产品制作

预报产品制作包括海浪警报单制作、海浪警报单管理和海浪警报单查询等功能。

1）海浪警报单产品制作

海浪警报单产品制作功能由模板、词条和警报图 3 个部分组成。模板用于加载预先定制的海浪警报单发布／解除模板，词条用户加载预先定义的文字及词条，警报图用于查询、加载已制作的海浪警报图件。

模块订制海浪警报发布模版和解除模版，通过制定目录位置（来源可选本地目录或者服务器共享目录）和时间范围，检索绘制的海浪警报图件，并加载到 Word 文件中；支持 Word 文档编辑，完成预报单文字部分编写；支持短信和传真预报单的编辑与发送及 FTP 上传。

2）海浪警报单管理

海浪警报单管理模块主要实现对词条和模版的编辑操作，包括新建词条、词条管理、新建模版、编辑模版、删除模版等功能。

"新建词条"通过输入词条名称、词条类别、文字样式（字体和字号）、词条内容，完成词条添加；"词条管理"支持词条类别添加、词条类别删除；"新建模版"通过打开空白文档，在文档中输入模板内容并保存，完成模版新建；"编辑模版"可对预报单模版内容进行编辑操作；"删除模版"可以移除预报单模版记录。

3）海浪警报单查询

依据查询起始时间（默认为最近一周）查询历史海浪警报单，也可通过设置日期间隔后点击查询，并支持预报单打开。

6.4.1.9 系统设置

包括地图配置管理、模式图例颜色配置、服务端地址配置、FTP 地址管理、绘画符号设置、修改密码等功能。

地图配置管理主要对系统图层进行管理，包括图层管理、图层属性和添加图层等功能，如图 6-24 所示。图层管理主要是地图上的图层显示与否进行控制。图层属性主要对图层信息和图层样式进行设置。添加图层主要可自定义添加新的图层信息。

图6-24　图层管理

模式图例颜色配置主要对海浪子系统的数据模型图例颜色进行设置，如图 6-25 所示。

图6-25　图例颜色配置

服务端地址配置主要配置预报图、预报单和参考数据的 URL、目录、登录名和密码，如图 6-26 所示。

图6-26　服务端地址配置

FTP 地址配置可以进行 FTP 地址的添加、编辑和修改操作，如图 6-27 所示。

图6-27　地址管理维护界面

绘图符号配置主要针对海浪符号初始化大小、画布大小等进行参数配置，如图 6-28 所示。修改密码模块提供对登录用户的密码进行修改，如图 6-29 所示。

图6-28　绘图设置

图6-29　密码管理

6.4.2　风暴潮

风暴潮产品子系统针对风暴潮预报业务需求，提高风暴潮预报产品制作自动化水平，系统分为温带风暴潮和台风风暴潮两种产品制作模式，其系统流程如图 6-30 所示。

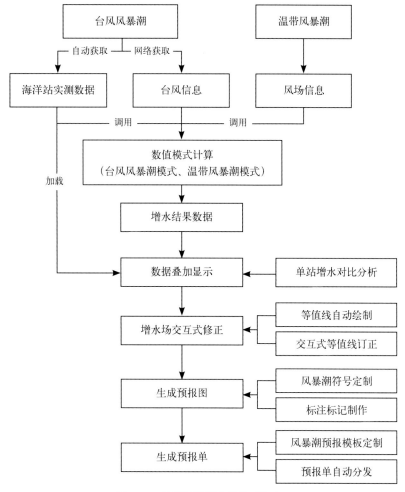

图6-30　风暴潮预报产品子系统流程

系统基本流程：系统初始化自动加载显示基础数据，并调用数据访问接口从服务器端下载获取海洋站实时观测数据、台风数据等相关数据，并提供历史资料数据的快速查询。叠加显示潮位数据、台风路径。通过选择台风参数、预报时效等参数，调用服务器端通过数值模式进行数值模拟，计算完毕后获取预报增水数据，供预报员分析使用。系统提供辅助分析功能，自动提取实测数据、天文潮数据、模型增水数据进行对比分析。预报员可以通过预报绘图功能，交互式编辑增水范围、标注、标记、符号设置，制作预报图件，通过定制风暴潮预报产品模板功能，生成预报单并快速发布。

该子系统主要功能包括基础地图功能、数据检索、数值模式结果可视化、天气图、卫星云图检索与查看、热带气旋数据检索、交互式绘图、预报产品制作、增水报表计算和系统设置等。

6.4.2.1 基础地图功能

由基础图层和观测图层的基础地图功能组成，包括地图的视野范围选择、放大、缩小、漫游、点选、截图、站点标注显隐和经纬网格显隐以及控制基础地图信息和观测查询结果图层的显示隐藏等功能，如图6-31所示。

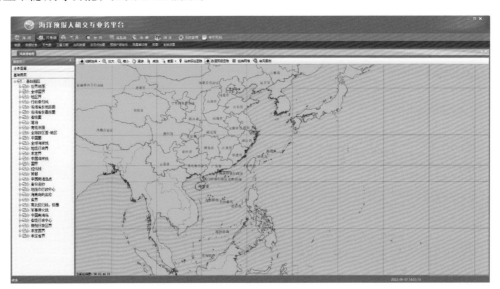

图6-31　风暴潮产品子系统基础地图功能

1）基础地图功能

基础图层采用树形结构组织，由基础图层和观测站位两个根节点组成。其中，基础图层节点由国界线、省市界线和行政中心等静态矢量数据层组成；观测站位包括海洋台站矢量数据层。每个图层均带有复选框，支持勾选控制图层的显示隐藏。

2）观测图层功能

观测图层的数据组织方式与基础图层一致，也采用树形结构，其根节点由不同数据源的图层检索结果组成，如大面查询、数值模式、地波雷达等。用户通过每级树形节点的复选框，控制查询结果图层的显示隐藏。

6.4.2.2 数据检索

包括大面查询和单站查询功能。

1）大面查询

大面查询是通过图层方式展示某一瞬时时刻的指定海洋台站潮位、风观测结果。用户选择观测站位和时间范围，执行检索过程后，将检索结果以图层列表方式返回到大面检索列表中，并以图形方式展示在地图视窗，如图6-32所示。

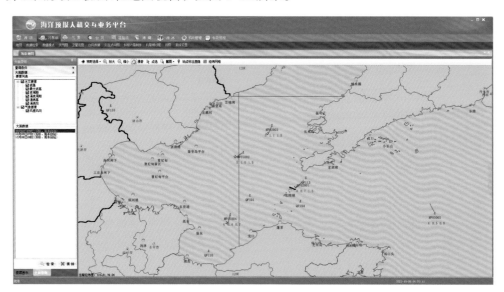

图6-32　风暴潮产品子系统大面查询

2）单站查询

单站查询定义为通过曲线图和数据表格表示某一观测站在一段时间范围内的潮位要素的变化过程。用户选择观测站位和时间范围，完成检索后系统将查询结果以数据表方式显示，如图6-33所示。

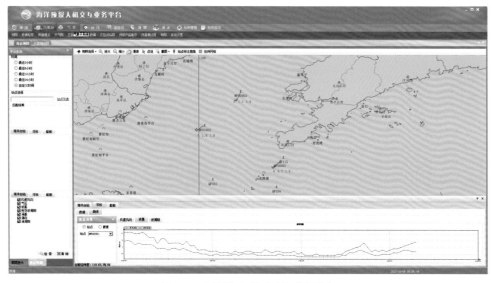

图6-33　风暴潮产品子系统单站检索

数据表格展示提供数据显示、数据人工订正、数据导出功能。用户通过站点的下拉框进行站点之间切换，站点的观测数据在右侧的数据表格中显示。观测数据表提供人工订正功能，支持用户对表格中的数据进行修改、补充，并可显示订正之后的曲线。单站导出和全部导出按钮支持用户对右侧数据表中的观测数据导出为 CSV 文件。

数据曲线查询结果展示方式分为站点和要素两种，默认是基于站点方式，不同站点通过站点下拉列表进行切换，如图 6-34 所示。数据曲线展示上提供曲线展示功能，支持曲线图的移动、图片复制、图片另存为、显示节点值、恢复默认等功能。数据列表展示提供按照时间序列排序的时刻信息及对应要素值，若该时刻没有数值，则数据项显示为空。

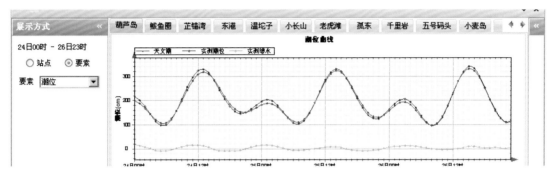

图6-34　风暴潮产品子系统站点数据展示（天文潮、增水、实测潮位）

6.4.2.3　数值模式结果可视化

包括台风风暴潮数值模式结果可视化和温带风暴潮数值模式结果可视化功能。

1）台风风暴潮数值模式结果可视化

系统支持对"模型名称""台风编号"和"预报编号"等参数进行选择。默认加载数值模式结果的整体空间范围，用户也可依据实际情况输入参数进行配置。地图上展示数值模式结果可视化，如图 6-35 所示。

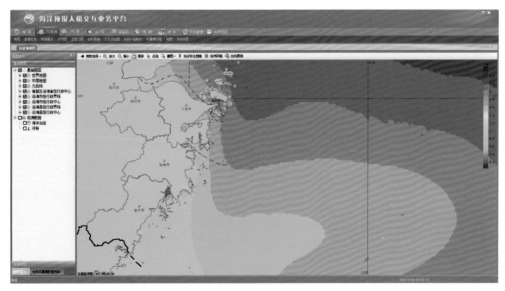

图6-35　台风风暴潮数值模式结果可视化

2）温带风暴潮数值模式结果可视化

基于功能面板中的"模型名称"等参数的选择加速的温带数据模式结果。系统默认加载数值模式结果的整体空间范围，用户可依据实际情况输入参数进行配置。地图上展示数值模式结果可视化，如图 6-36 所示。

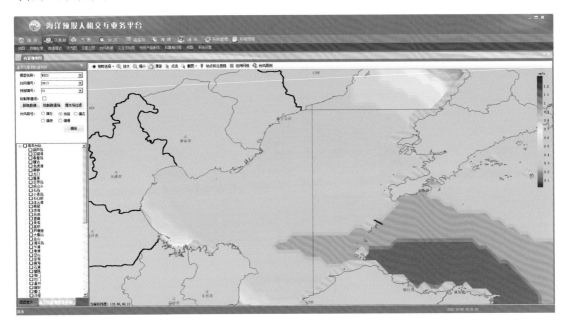

图6-36　温带风暴潮数值模式结果可视化

6.4.2.4　天气图、卫星云图检索与查看

1）天气图检索与查看

包括日本天气图、韩国天气图和欧洲中心天气图的检索与展示。

日本天气图模块提供 JMA 发布的日本天气图实况和预报图件的查询，支持幻灯片式播放，见图 6-37 所示。韩国天气图模块提供 KMA 发布的韩国天气图实况和预报图件的查询，支持幻灯片播放。欧洲天气图模块提供欧洲中心发布的天气图实况和预报图件的查询，支持幻灯片式播放。

2）卫星云图检索与查看

包括日本卫星云图和天气网卫星云图的检索与展示。

天气网卫星云图模块提供中国天气网发布的卫星云图的查询功能，支持云图叠加显示。日本卫星云图模块提供 JMA 发布的日本卫星云图的红外、可见光和水汽卫星遥感产品图件查询功能，支持幻灯片播放，见图 6-38 所示。

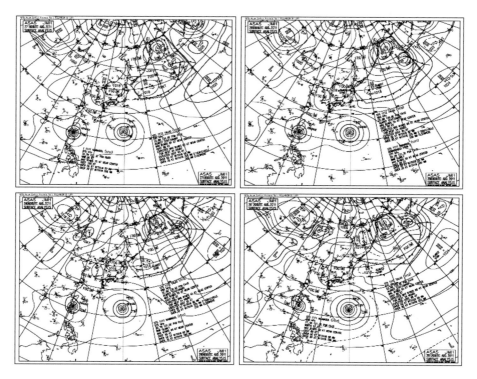

图6-37   日本天气图查看

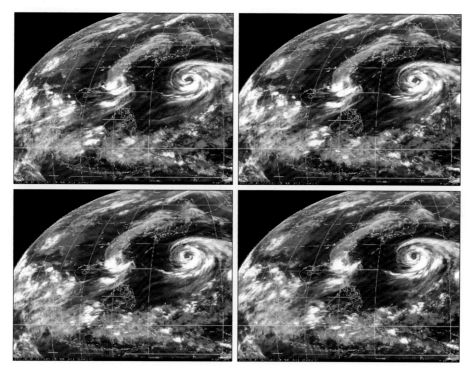

图6-38   日本卫星云图查看

6.4.2.5　热带气旋数据检索

包括热带气旋实况查询和热带气旋预报查询两个功能。

热带气旋实况检索依据查询年份，热带气旋名称等条件对历史及当前热带气旋信息进行检索，检索结果包括台风数据列表、台风路径、台风详细信息等，如图 6–39 所示。

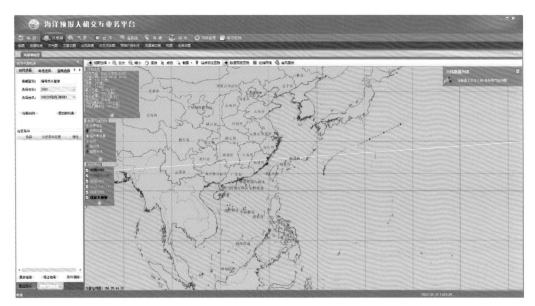

图6–39　热带气旋数据显示

热带气旋预报检索依据年份、台风名称等条件提供风暴潮预报员查询历史相似热带气旋路径。检索后将结果以列表的形式呈现，并在地图视窗中展示，如图 6–40 所示。

台风数据列表　年份：2011

编号	中文名	英文名
201112	塔拉斯	Talas
201111	南玛都	Nanmadol
201110	苗柏	Merbok

过去时间	中心风速 (m/s)	中心气压 (hpa)
2011-08-29 09:00	33	975
2011-08-29 08:00	33	975
2011-08-29 07:00	33	975
2011-08-29 06:00	33	975
2011-08-29 05:00	33	975
2011-08-29 04:00	33	975
2011-08-29 03:00	33	975
2011-08-29 02:00	35	970

预报台	未来时间	中心风速 (m/s)	中心气压 (hpa)
日本	2011-08-30 0...	23	992
日本	2011-08-31 0...	20	996
日本	2011-09-01 0...	0	1000
中国	2011-08-30 0...	28	975

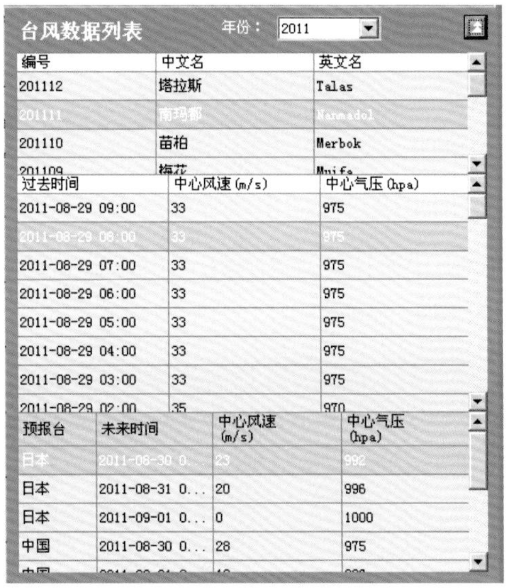

图6–40　台风数据列表

6.4.2.6　交互式绘图

包括交互式绘图、标绘图层和绘图产品查询 3 个功能。

1）交互绘图

交互绘图主要功能包括绘图维护、绘图工具、快捷标注、标注、点符号编辑、线符号编辑、面符号编辑、风暴潮岸段预报等，见图 6–41 所示。

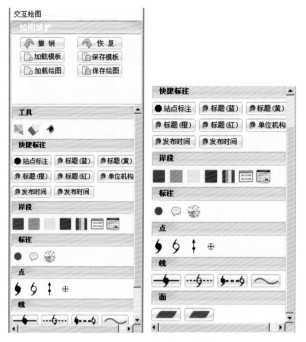

图6-41　交互式绘图功能面板

2）标绘图层

提供标绘图层功能面板，支持显示、矢量化输出已保存的预报警报图件的功能，如图 6-42 所示。此外，标绘图层支持预报警报图件的矢量化导出功能，导出格式为标准 Shapefile 格式，坐标系为 WGS-84。

3）绘图产品查询

绘图产品查询通过指定时间范围、文件夹路径和产品类型，提供界面供用户检索已经制作的预报图和预报单产品，并提供 FTP 上传功能，用户通过勾选确定需上传的产品目录，实现预报产品的批量上传，如图 6-42 所示。

图6-42　标绘查询结果显示

6.4.2.7　预报产品制作

预报产品制作包括风暴潮警报单制作、联合警报单制作、风暴潮警报单管理和风暴潮警报单查询等功能。

1）风暴潮警报单产品制作

风暴潮警报单产品制作功能由模板、词条和警报图 3 个部分组成。模板用于加载预先定制的风暴潮警报单发布 / 解除模板，词条用户加载预先定义的文字，警报图用于查询、加载已制作的风暴潮警报图件。

模块订制风暴潮警报发布模版和解除模版，通过制定目录位置（来源可选本地目录或者服务器共享目录）和时间范围，检索绘制的风暴潮警报图件，并加载到 Word 文件中；支持 Word 文档编辑，完成预报单文字部分编写；支持短信和传真预报单的编辑与发送，及 FTP 上传功能。

2）联合警报单制作

联合警报单制作功能选项卡，由模板、词条、警报图和预报单 4 个部分组成。其中，前 3 项功能和风暴潮预报产品制作相同，预报单由已制作的海浪和风暴潮警报为蓝本，合并生成联合警报单，如图 6-43 所示。

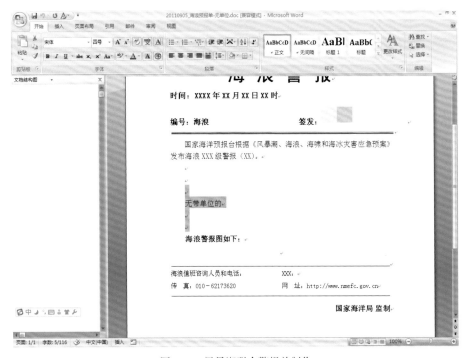

图6-43　风暴潮联合警报单制作

模块支持服务端风暴潮警报单的查询、选择与加载（系统自动启动 Word 打开文件），以风暴潮警报单为蓝本，支持编辑手动生成联合预报单，及文件保存并上传到 FTP。

3）风暴潮警报单管理

风暴潮警报单管理模块主要实现对词条和模版的编辑操作，包括新建词条、词条管理、新建模版、编辑模版、删除模版等功能。

"新建词条"通过输入词条名称、词条类别、文字样式（字体和字号）、词条内容，完成词条添加；"词条管理"支持词条类别添加、词条类别删除；"新建模版"通过打开空白文档，在文档中输入模板内容并保存，完成模版新建；"编辑模版"可对预报单模版内容进行编辑操作；"删除模版"可以移除预报单模版记录。

4）风暴潮警报单查询

依据查询起始时间（默认为最近一周）查询历史风暴潮警报单，也可通过设置日期间隔后点击查询，并支持预报单打开，如图6-44所示。

图6-44　风暴潮警报单管理

6.4.2.8　增水报表计算

增水报表计算主要功能包括创建风暴潮过程、风暴潮过程管理、风暴潮预报单过程查询。风暴潮过程管理功能实现在风暴潮过程中沿岸台站增水自动计算的功能，包括创建、管理和查询3个功能。该功能只能在数据传输网络内上使用。

1）创建风暴潮过程

通过向导方式创建风暴潮增水过程：填写过程名称，选择起始时间和结束时间，将风暴潮影响站点添加到风暴潮过程站点目录中，启动增水过程，见图6-45所示。

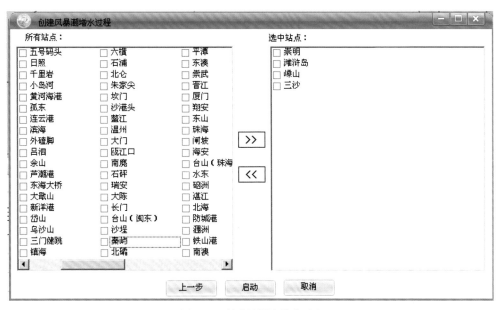

图6-45 创建风暴潮增水过程

2）风暴潮过程管理

在风暴潮过程管理列表中列出当年所有风暴潮名称，展示任意风暴潮过程关联站点的潮位曲线，并能导出该风暴潮所有关联站点的潮位曲线报表及风暴潮关联站点中任意站点的潮位曲线报表，如图 6-46 所示。

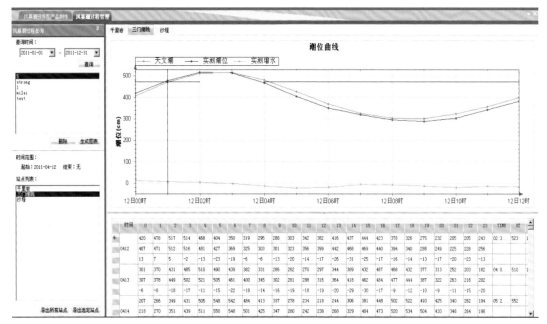

图6-46 增水曲线及数据表

3）风暴潮过程编辑

对正在运行的风暴潮过程，选择其中一条风暴潮过程，对该风暴潮过程进行编辑，修改风暴潮过程结束时间；为风暴潮过程添加新的站点，并保存修改，见图 6-47 所示。

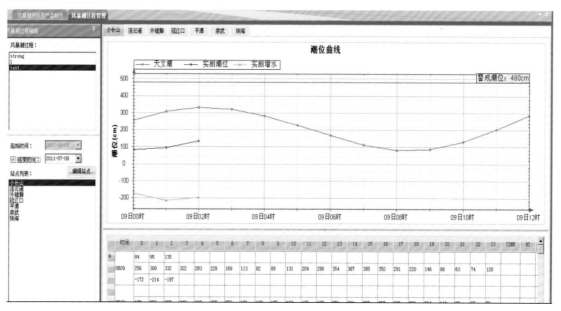

图6-47 风暴潮增水过程编辑

4）增水报表查询

依据查询起始时间（默认为最近一周）查询历史增水报表查询，也可通过设置日期间隔后点击查询，并支持增水报表打开，如图 6-48 所示。

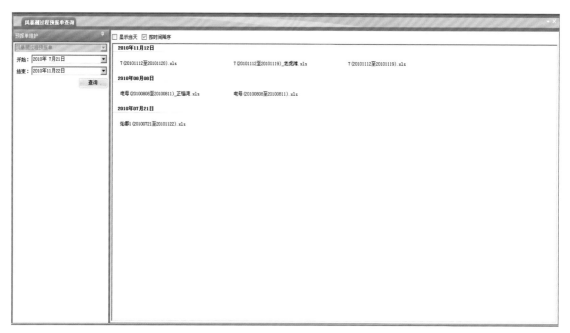

图6-48 增水报表查询

6.4.2.9 系统设置

包括地图配置管理、模式图例颜色配置、FTP 地址管理、服务端地址配置、修改密码等功能。该部分与海浪系统类似。

6.4.3 热带气旋

热带气旋预报产品子系统针对热带气旋预报业务需求，提高热带气旋预报作业的自动化水平。

系统基本流程：系统初始化自动加载显示基础数据，通过数据访问接口请求服务器端下载各权威预报台数据并获取到子系统中叠加显示，实时刷新显示台风路径信息，叠加天气图或卫星云图等数供预报员分析使用。系统提供数据分析功能，包括自动检索相似台风路径、相似台风登录区域，历史台风查询检索、台风空间分析工具等。预报员通过预报绘图工具，交互式绘制台风预报产品，定制预报产品模板，自动生成预报单并快速发布。

热带气旋预报产品子系统功能包括基础地图功能、热带气旋分析、热带气旋检索、热带气旋预报、产品查询与统计和系统设置等。

6.4.3.1 基础地图功能

由基础图层和观测图层的基础地图功能组成，包括地图的视野范围选择、放大、缩小、漫游、点选、截图、站点标注显隐和经纬网格显隐以及控制基础地图信息和观测查询结果图层的显示隐藏等功能，如图6-49所示。

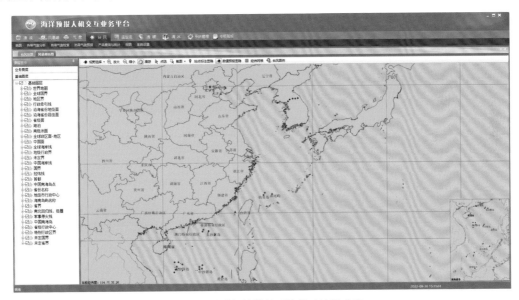

图6-49　热带气旋警报系统基础地图功能

1）基础图层功能

基础图层采用树形结构组织，由基础图层和观测站位两个根节点组成。其中，基础图层节点由国界线、省市界线及行政中心等静态矢量数据层组成；观测站位仅包括海洋台站矢量数据层。每个图层均带有复选框，支持勾选控制图层的显示与隐藏。

2）观测图层功能

观测图层的数据组织方式与基础图层一致，也采用树形结构，其根节点由不同数据源的图层检索结果组成，如大面查询、数值模式、地波雷达等。用户通过每级树形节点的复选框，控制查询结果图层的显示与隐藏。

6.4.3.2 热带气旋分析

热带气旋分析模块以选定的台风为样本,利用数据库中的历史台风数据,自动计算与样本相似的台风路径,为预报员提供参考。热带气旋分析模块主要功能包括台风样本选择、复合条件选择和分析结果展示。

1)台风样本选择

通过输入年份和台风名称,选择台风样本,将样本加载到地图视窗中,并展示台风样本详细信息、台风图例、预报图例,如图6-50所示。其中,"详细信息"提供台风路径点实况信息(位置、风速、风力、气压等),"台风图例"用不同颜色表示从热带低压到超强台风,"预报图例"用不同颜色表示各预报机构的预报信息。

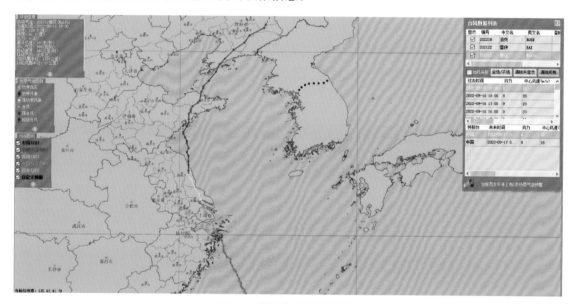

图6-50 样本热带气旋可视化

2)复合条件选择

复合条件选择由年月选择、登陆选择、台风类型选择组成,如图6-51所示。

图6-51 复合条件选择界面

"年月选择"提供"路径时间"和"登陆时间"两种选择,"路径时间"表示台风的起始时间,"登陆时间"表示台风的登录时间。"年月选择"提供历史台风数据的检索区间,并提供按照月份区间及单个月份的检索条件。

"登陆选择"提供"省""市"和"县"相关联的三级选择条件,用户可选择台风的登陆地,并可以增加多个登陆地。

"台风类型选择"提供按照热带气旋类型进行复选的功能,如"热带低压""热带风暴"等。输入条件后,模块根据选择条件进行复合条件的检索。

3)分析结果显示

在台风样本选择、复合条件选择及相似性台风复合分析后,将查询和分析的结果展示在地图视窗中,以列表的形式按照相似程度进行排列,供用户选择查看,并能够控制其显隐,分析结果显示如图 6-52 所示。

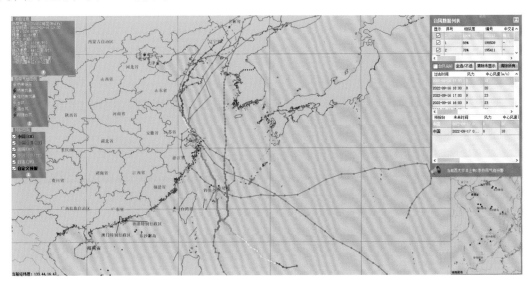

图6-52 相似性分析结果展示

6.4.3.3 热带气旋检索

热带气旋检索模块提供对历史台风查询,将检索结果添加到列表并展示在地图视窗,支持用户查看台风历史路径及预报路径等信息。台风检索支持按名称、年月、登陆地、类型及复合检索多种方式对历史台风信息进行查询。主要功能包括按编号或名称检索、按年月检索、按登陆地检索、按性质检索及复合检索。

1)按编号或名称检索

模块自动读取最新的台风数据,提供按照台风名称、时间的模糊检索功能,输入台风编号或台风名称可自动匹配台风,并将检索结果自动加载到地图视窗中。保存设置条件,可与其他条件进行复合查询,检索界面见图 6-53 所示。

2)按年月检索

模块提供"路径时间"和"登陆时间"两种选择,"路径时间"表示台风的起始时间,"登陆时间"表示台风的登陆时间。"年月"表示提供历史台风数据的检索区间，并提供按照月份区间及单个月份的检索条件。保存设置条件，可与其他条件进行复合查询（图6-54）。

图6-53 按编号或名称检索界面

图6-54 年月检索界面

3）按登陆地检索

模块提供"省""市"和"县"相关联的三级登陆地选择条件，用户可选择台风的登陆地，增加一个或多个登陆地。保存设置条件，可与其他条件进行复合查询，界面如图 6-55 所示。

4）按性质检索

模块提供按照热带气旋类型进行复选的可选框，如"热带低压""热带风暴"等。完成条件设置后，系统将检索结果自动加载到地图视窗中。保存设置条件，可与其他条件进行复合查询，检索界面如图 6-56 所示。

图6-55 登陆地检索界面

图6-56 热带气旋性质检索界面

5）复合检索

模块依据以上输入检索条件，进行条件叠加检索，完成多重条件的复合检索，将查询结果加载到地图视窗中。

6.4.3.4 警报产品制作

警报单产品制作主要功能包括热带气旋警报制作、热带低压消息制作、热带气旋预报查询、热带低压消息查询、产品查询与统计，分别用于完成热带气旋警报产品和热带低压产品的制作、查询与统计。

1）热带气旋警报制作

模块主要用来制作热带气旋警报产品，制作界面如图6-57所示。预报员通过界面提供的"年份"和"台风"选择热带气旋，将其从编号开始的实况信息以列表方式显示在表格中；若该条热带气旋不存在实况资料，模块通过人工方式录入实况信息，并在数据表中将人工输入的实况信息高亮标出；模块提供警报起报时刻选择功能，支持在信息框中查看起报点的实况信息；模块提供热带气旋警报信息录入功能，支持发送单位、序号、预报员编号、发布时间及预报信息的选择、输入与编辑，并提供"中文概述"和"英文概述"编辑界面用于预制词条的选择与录入，最终生成警报单；模块支持热带气旋警报信息的短信制作、FTP推送与邮件发送功能，短信制作功能通过短信文本编辑界面，编辑并保存警报信息，FTP推送功能可将预报单上传到选择的单位对应的FTP地址，邮件发送功能可将预报单发送到选择的单位配置的对应的邮箱。

图6-57 热带气旋警报界面

2）热带低压消息制作

实现热带低压消息产品的制作功能，制作界面见图6-58所示。支持热带低压消息编号、序号、发布时间和发送单位等基础信息，实况点位置、气压、风力等实况信息，预报时效、移向、移速、风力及相关数据等预报信息、中文概述和英文概述等信息的人机交互录入，系统自动生产预报图并加载到地图视窗中，并最终生成预报单；模块支持短信制作、FTP推送及邮件发送。

3）热带气旋预报查询

模块提供基于年份和名称的查询方式，提供年份和名称两个选择条件，供用户选择。选中某个热带气旋后自动加载最新的预报信息，在查询结果列表中显示起报点信息，在预报路径列表中显示热带气旋的预报信息，并在地图视窗中加载图形，查询结果展示如图6-59所示。

图6-58　消息制作界面

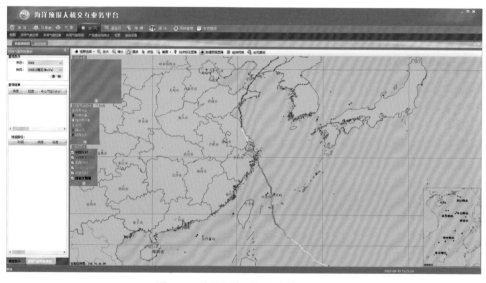

图6-59　热带气旋预报查询结果显示

4）热带低压消息查询

模块提供基于年份和名称的查询方式，供用户选择。在查询结果列表中热带低压消息，在预报路径列表中显示热带低压的预报信息，并在地图视窗中加载图形。

6.4.3.5　产品查询与统计

模块功能主要包括热带气旋警报误差统计和预警报产品查询。

热带气旋误差统计方法有3种，分别是按单条热带气旋统计、按多条热带气旋统计、按年份统计。目前，参与计算的产品包括国家海洋环境预报中心、中国气象局和日本气象厅3

家,分别将其预报位置与实况路径进行对比,统计 24 小时、48 小时、72 小时等时效的预报结果,并支持对误差进行汇总。当统计多条热带气旋时,也可分条进行统计。所有统计结果支持导出到文件,供其余系统使用,界面如图 6-60 所示。

图6-60　误差统计界面

热带气旋预报产品查询通过指定时间范围、文件夹路径和产品类型,提供界面供用户检索已经制作的预报图和预报单产品,并提供 FTP 批量上传功能,结果展示如图 6-61 所示。

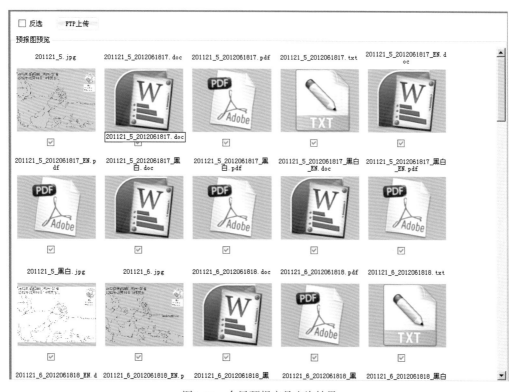

图6-61　台风预报产品查询结果

6.4.3.6 系统设置

主要功能包括台风概述词条、单位信息设置、发件箱管理、FTP 地址管理、地图配置管理和密码修改等。

台风概述词条模块支持对热带气旋词条列表的新增、编辑、删除操作，其管理界面如图 6-62 所示。

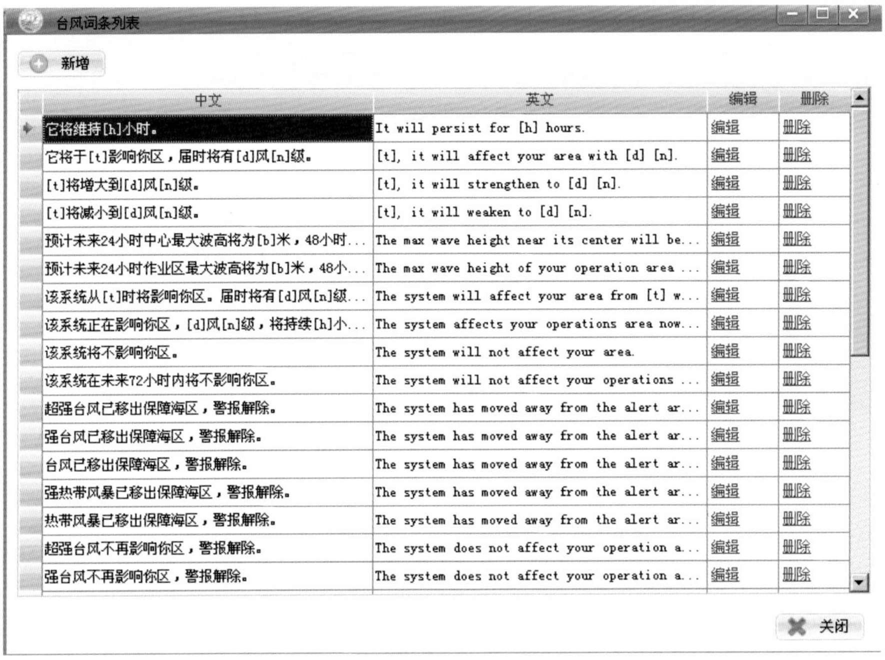

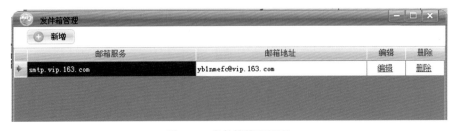

图6-62 概述词条管理

单位信息管理模块包括公司信息管理、公司邮箱管理、公司 FTP 管理、公司警戒范围管理和预报单关联。公司信息管理实现对公司的基本信息(如名称、代码、联系方式等)进行新增、修改和删除等操作；公司邮箱管理提供对服务对象的接收邮箱信息的查询、新增、修改和删除等操作；公司 FTP 管理提供对服务对象的接收 FTP 信息的查询、新增、修改和删除等操作；公司警戒范围管理提供对服务对象的警戒值和对应警戒颜色的查询、新增、修改和删除等操作；预报单关联为各服务对象和预报产品进行管理，系统提供的产品包括中文彩色、中文黑白、英文彩色、英文黑白和纯文本预报产品。

发件箱管理模块提供新增、编辑、删除预报产品服务邮箱功能，通过配置邮箱服务、地址、密码等信息完成发件箱管理，界面如图 6-63 所示。

图6-63 发件箱管理界面

FTP 地址管理模块实现对 FTP 地址、目录、用户名、密码的配置维护。

6.4.4 海洋气象

海洋气象预报产品子系统针对海洋气象预报业务需求，提高海洋气象预报产品制作自动化水平，其系统流程如图 6-64 所示。

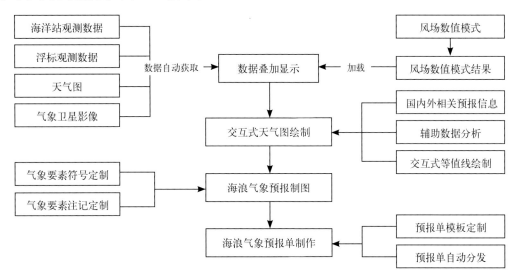

图6-64 海洋气象预报产品子系统流程

系统基本流程：系统初始化自动加载显示基础数据，使用数据访问接口从服务器端获取气象测站、海洋站、浮标、天气图和卫星云图等相关数据并叠加显示，供预报员分析使用。系统提供辅助分析功能实现历史观测站数据查询、提取、历史数据时序曲线制作，辅助预报员分析各要素未来走势。结合多种气象预报产品要求，提供交互式预报产品编辑、符号定制、标记标注和自定义预报产品模板，自动生成预报单并快速发布。

海洋气象预报产品子系统主要功能包括基础地图功能、数据检索、交互式绘图、预报产品制作和系统设置等。

6.4.4.1 基础地图功能

由基础图层和观测图层的基础地图功能组成，包括地图的视野范围选择、放大、缩小、漫游、点选、截图、站点标注显隐和经纬网格显隐以及控制基础地图信息和观测查询结果图层的显示与隐藏等功能，见图 6-65 所示。

1）基础图层功能

基础图层采用树形结构组织，由基础图层和观测站位两个根节点组成。其中，基础图层节点由国界线、省市界线和行政中心等静态矢量数据层组成；观测站位仅包括海洋台站矢量数据层。每个图层均带有复选框，支持勾选控制图层的显示与隐藏。

2）观测图层功能

观测图层的数据组织方式与基础图层一致，也采用树形结构，其根节点由不同数据源的图层检索结果组成，如大面查询、数值模式、地波雷达等。用户通过每级树形节点的复选框，控制查询结果图层的显示隐藏。

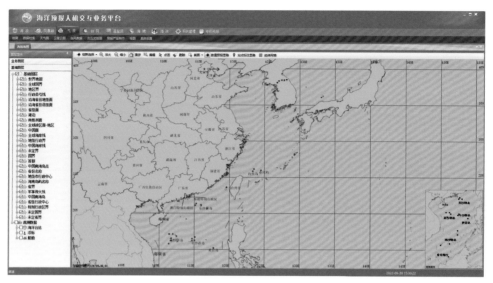

图6-65　海洋气象预警报系统基础地图功能

6.4.4.2　数据检索

包括大面查询和单站查询功能。

1）大面查询

大面查询定义为通过图层方式展示某一瞬时时刻的指定海洋台站海面风要素。用户选择观测站位和时间范围，执行检索过程后，将检索结果以图层列表方式返回到大面检索列表中，并以图形方式展示在地图视窗，如图6-66所示。

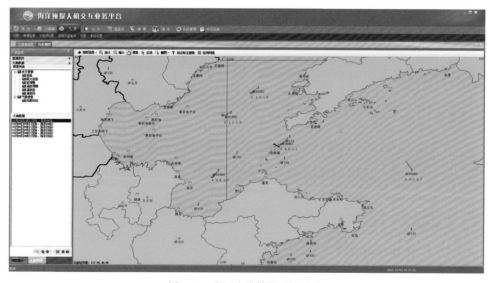

图6-66　大面查询结果地图展示

2）单站查询

单站查询定义为通过曲线图和数据表格表示某一观测站在一段时间范围内的风速风向、

气压、气温的变化过程。用户选择观测站位和时间范围，完成检索后系统将查询结果以数据
表方式显示，如图 6-67 所示。

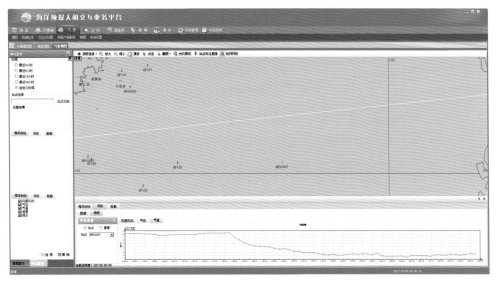

图6-67　单站查询结果展示

　　数据表格展示提供数据显示、数据人工订正、数据导出功能。用户通过站点的下拉框进
行站点之间切换，站点的观测数据在右侧的数据表格中显示。观测数据表提供人工订正功能，
支持用户对表格中的数据进行修改、补充，并可显示订正之后的曲线。单站导出和全部导出
按钮支持用户对右侧数据表中的观测数据导出为 CSV 文件。

　　数据曲线查询结果展示方式分为站点和要素两种，默认是基于站点方式，不同站点通过
站点下拉列表进行切换，如图 6-68 所示。数据曲线展示上提供右键菜单，支持曲线图的移动、
图片复制、图片另存为、显示节点值、恢复默认等功能。数据列表展示提供按照时间序列排
序的时刻信息及对应要素值，若该时刻没有数值，则数据项显示为空。

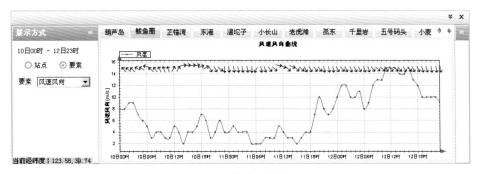

图6-68　数据曲线查询结果展示

6.4.4.3　交互式绘图

　　包括交互式绘图、标绘图层和绘图产品查询 3 个功能。

1）交互式绘图

交互式绘图主要功能包括绘图维护、绘图工具、快捷标注、标注、点符号编辑、线符

号编辑、面符号编辑等，如图 6-69 所示。

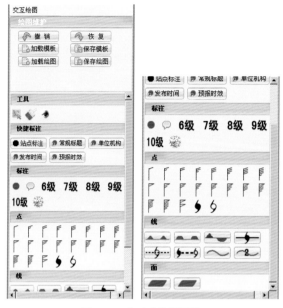

图6-69　交互式绘图页签

2）标绘图层

提供标绘图层功能面板，支持显示、矢量化输出已保存的预报警报图件（大风预报、大风警报）的功能。此外，标绘图层支持预报警报图件的矢量化导出功能，导出格式为标准 Shapefile 格式，坐标系为 WGS-84。

3）绘图产品查询

绘图产品查询通过指定时间范围、文件夹路径和产品类型，提供界面供用户检索已经制作的预报图和预报单产品，并提供 FTP 上传功能，用户通过勾选确定需上传的产品目录，实现预报产品的批量上传，如图 6-70 所示。

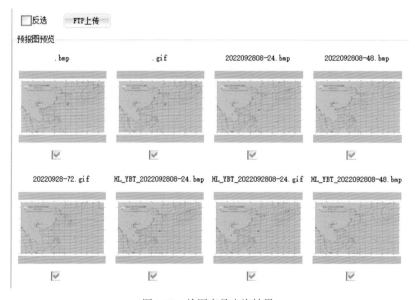

图6-70　绘图产品查询结果

第 6 章

海洋预报业务平台

6.4.4.4 预报产品制作

预报产品制作功能包括单点大风警报产品制作和海域大风警报预报产品制作。

1）单点大风警报产品制作

单点大风警报产品制作模块通过基础信息界面，选择发往单位，填写编号、产品序号、发布时间等信息；通过实况信息界面，填写实况、预报信息，选择实况词条、大风过程起始 / 结束时间、预报时效范围内的风力、风向、风速和持续时间；通过"添加概述"界面添加预制的词条信息；通过"加载大风警报绘图"界面预览和添加大风警报绘图；最后，通过预览文本框预览并人工修改订正警报产品，完成单点大风警报产品的制作。模块支持短信和传真预报单的编辑与发送及 FTP 上传，制作界面如图 6-71 所示。

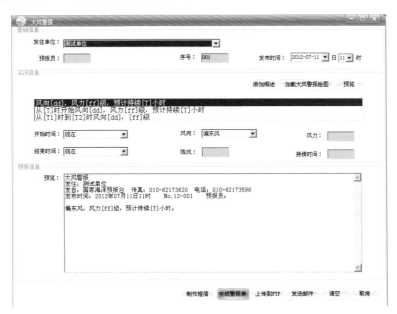

图6-71　单点大风警报产品界面

2）海域大风警报预报产品制作

海域大风警报预报产品制作模块通过交互界面，填写预报员编号、产品序号、发布时间，选择影响因素、选择时间、区域，填写海面风向、风力、阵风风力、持续时间，预览并加载大风警报图；在预报信息文本框提供预览中文概述和英文概述功能；最后，通过预览文本框预览并人工修改订正警报产品，完成海域大风警报预报产品的制作。模块支持短信和传真预报单的编辑与发送及 FTP 上传，录入界面如图 6-72 所示。

图6-72　预报信息录入界面

6.4.4.5　系统设置

包括 FTP 地址管理、单位信息设置、地图配置管理、绘图符号设置、修改密码等功能。FTP 地址配置可以进行 FTP 地址的添加、编辑和修改操作，界面如图 6-73 所示。

图6-73　FTP地址管理界面

单位信息管理模块包括公司信息管理、公司邮箱管理、公司 FTP 管理和预报单关联。公司信息管理实现对公司的基本信息（如名称、代码、联系方式等）进行新增、修改和删除等操作；公司邮箱管理提供对服务对象的接收邮箱信息的查询、新增、修改和删除等操作；公司 FTP 管理提供对服务对象的接收 FTP 信息的查询、新增、修改和删除等操作；预报单关联为各服务对象和预报产品进行管理，系统提供的产品包括中文彩色、中文黑白、英文彩色、英文黑白和纯文本预报产品。

6.4.5　海冰

海冰预报产品子系统针对海冰预报业务需求，提高海冰预报产品制作自动化水平，其系统流程如图 6-74 所示。

系统基本流程：系统初始化自动加载显示基础数据，调用数据访问接口从服务器端获取气象测站、海洋站、雷达站、浮标、卫星遥感影像等相关数据。通过系统界面叠加可视化显示，通过自动或手动选择预报参数调用服务器端海冰数值模式，并自动获取、显示数值预报结果，辅助预报员预报分析。系统提供预报制图功能，结合实时观测数据、实况遥感图，海冰遥感反演结果，交互式绘制海冰预报图件，通过定制自定义预报产品模板，自动生成预报并快速发布。

海冰预报产品子系统功能包括基础地图功能、数据检索、交互式绘图、台站数据导出和系统设置等。

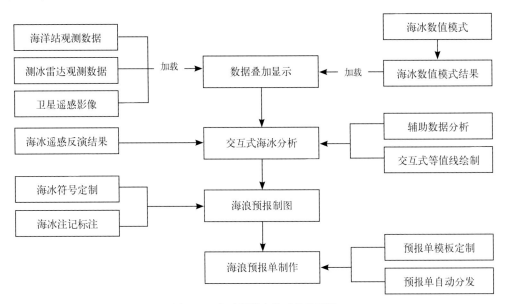

图6-74　海冰预报产品系统流程图

6.4.5.1　基础地图功能

由基础图层和观测图层的基础地图功能组成，包括地图的视野范围选择、放大、缩小、漫游、点选、截图、站点标注显隐和经纬网格显隐及控制基础地图信息和观测查询结果图层的显示隐藏等功能，如图 6-75 所示。

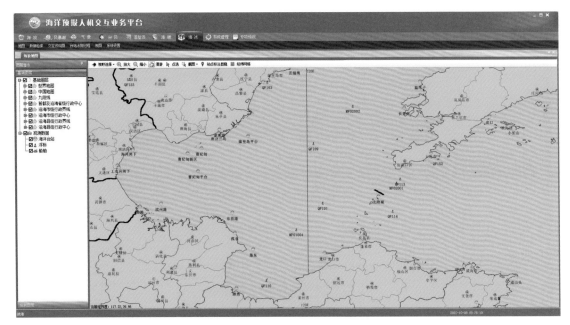

图6-75　海冰预警报系统基础地图功能

1）基础图层功能

基础图层采用树形结构组织，由基础图层和观测站位两个根节点组成。其中，基础图层节点由国界线、省市界线和行政中心等静态矢量数据层组成；观测站位仅包括海洋台站矢量数据层。每个图层均带有复选框，支持勾选控制图层的显示隐藏。

地图视野默认控制在渤海和北黄海海域（37°—41°N）范围内。

2）观测图层功能

观测图层的数据组织方式与基础图层一致，也采用树形结构，其根节点由不同数据源的图层检索结果组成，如大面查询、数值模式、海冰雷达等。用户通过每级树形节点的复选框，控制查询结果图层的显示隐藏。

6.4.5.2 数据检索

包括大面查询和单站查询功能。

1）大面查询

大面查询定义为通过图层方式展示某一瞬时时刻的指定海洋台站海面风、海温、海盐等。用户选择观测站位和时间范围，执行检索过程后，将检索结果以图层列表方式返回到大面检索列表中，并以图形方式展示在地图视窗，如图6-76所示。

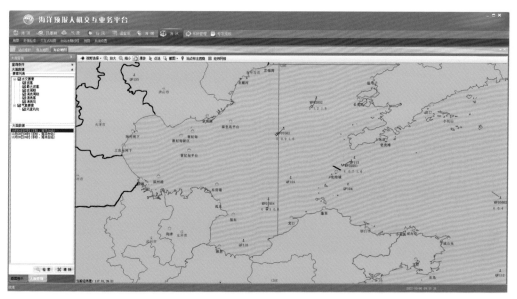

图6-76 大面查询结果地图展示

2）单站查询

单站查询定义为通过曲线图和数据表格表示某一观测站在一段时间范围内的海面风、海温、潮汐等要素的变化过程。用户选择观测站位和时间范围，完成检索后系统将查询结果以数据表方式显示，如图6-77所示。

数据表格展示提供数据显示、数据人工订正、数据导出功能。用户通过站点的下拉框进行站点之间切换，站点的观测数据在右侧的数据表格中显示。观测数据表提供人工订正功能，支持用户对表格中的数据进行修改、补充，并可显示订正之后的曲线。单站导出和全部导出按钮支持用户对右侧数据表中的观测数据导出为 CSV 文件。

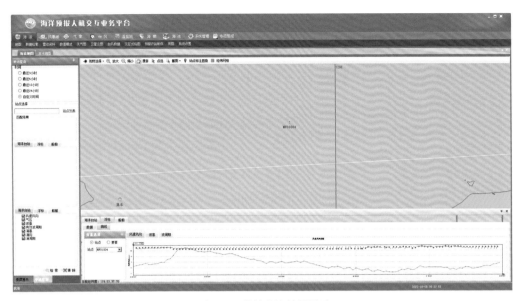

图6-77　单站查询结果展示

　　数据曲线查询结果展示方式分为站点和要素两种，默认是基于站点方式，不同站点通过站点下拉列表进行切换，如图6-78所示。数据曲线展示上提供右键菜单，支持曲线图的移动、图片复制、图片另存为、显示节点值、恢复默认等功能。数据列表展示提供按照时间序列排序的时刻信息及对应要素值，若该时刻没有数值，则数据项显示为空。

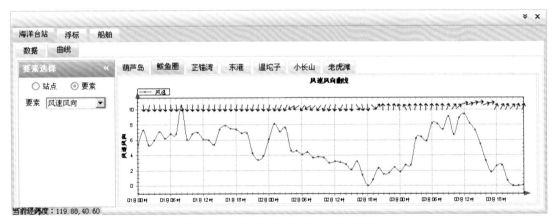

图6-78　基于要素的多站点展示方式效果

6.4.5.3　交互式绘图

　　包括交互式绘图、遥感图叠加和绘图产品查询 3 个功能，用来绘制海冰预报图、海冰警报图，查询历史预警报图件产品。

　　1）交互式绘图

　　交互式绘图主要功能包括绘图维护、绘图工具、快捷标注、标注、线符号编辑、面符号编辑等，见图 6-79 所示。针对海冰绘图、专门定制海冰外缘线、海冰警报落区绘制工具符号。

图6-79 交互绘图功能面板

2）遥感图叠加

提供遥感图叠加功能面板，支持遥感图检索及遥感图的叠加显示，效果如图6-80所示。遥感图检索提供按照卫星产品来源和时间条件的组合方式支持对数据查询。遥感图叠加部分，支持用户在查询结果列表中选中某一产品数据，然后叠加选中的遥感图，系统将该产品自动加载在地图上，并支持取消叠加功能。

3）绘图产品查询

绘图产品查询通过指定时间范围、文件夹路径和产品类型，提供界面供用户检索已经制作的预报图和预报单产品，并提供FTP上传功能，用户通过勾选确定需上传的产品目录，实现预报产品的批量上传，如图6-81所示。

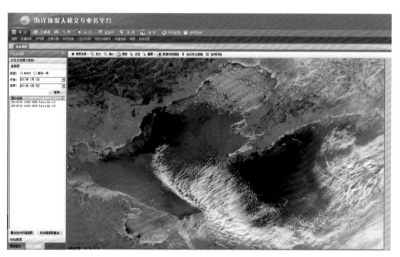

图6-80 MODIS遥感图叠加

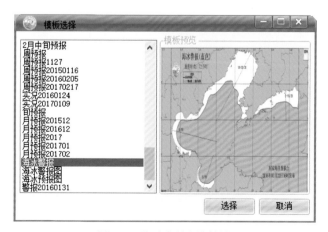

图6-81 海冰产品查询结果

6.4.5.4　台站数据导出

台站数据导出的功能是统计冰期过程中海冰报文和解析结果中的浮冰量、密集度浮冰冰型等信息，如图 6-82 所示。台站数据导出分为两个部分：一是数据检索部分；二是结果显示部分。

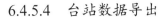

| 小长山 | 老虎滩 | 温坨子 | 鲅鱼圈 | 葫芦岛 | 正镩湾 | 黄骅 | 曹妃甸 | 京唐港 | 塘沽 | 龙口 | 潍坊 | 蓬莱 | 芝罘岛 | 石岛 |

观测时间	海面能见度	浮冰总冰量	浮冰冰量	浮冰密集度	浮冰冰型	浮冰表面特征	浮冰冰状	最大浮冰块水平尺
2013-2-21 14:00:00		3	3	4	冰皮R尼罗冰Ni		中冰盘Mf小冰盘Sf	
2013-2-21 8:00:00		2	2	4	冰皮R初生冰N		冰块Ic碎冰Bi	
2013-2-19 14:00:00		8	8	10	冰皮R尼罗冰Ni		中冰盘Mf大冰盘Bf	
2013-2-19 8:00:00		9	9	10	冰皮R尼罗冰Ni		中冰盘Mf大冰盘Bf	
2013-2-16 8:00:00		4	4	7	灰冰G灰白冰Gw		小冰盘Sf中冰盘Mf	
2013-2-15 14:00:00		9	9	10	灰冰G灰白冰Gw		中冰盘Mf大冰盘Bf	
2013-2-15 8:00:00		10	10	10	初生冰N冰皮R		中冰盘Mf小冰盘Sf	
2013-2-14 8:00:00								
2013-2-13 14:00:00		0	0					
2013-2-13 8:00:00		10	10	5	灰冰G灰白冰Gw		小冰盘Sf冰块Ic	
2013-2-12 8:00:00		2	2	4	灰冰G灰白冰Gw		小冰盘Sf冰块Ic	
2013-2-11 14:00:00		10	10	10	灰白冰Gw灰冰G		小冰盘Sf中冰盘Mf	
2013-2-11 8:00:00		10	10	10	灰白冰Gw灰冰G		小冰盘Sf冰块Ic	
2013-2-10 14:00:00		9	9	10	灰冰G灰白冰Gw		小冰盘Sf中冰盘Mf	
2013-2-10 8:00:00		10	10	10	灰冰G灰白冰Gw		小冰盘Sf冰块Ic	
2013-2-9 14:00:00		7	7	10	灰冰G灰白冰Gw		小冰盘Sf中冰盘Mf	
2013-2-8 14:00:00		10	10	10	灰白冰Gw白冰W		小冰盘Sf冰块Ic	
2013-2-8 8:00:00		10	10	10	白冰W灰白冰Gw		小冰盘Sf冰块Ic	
2013-2-7 14:00:00		0	0					
2013-2-7 8:00:00		10	10	10	白冰W灰白冰Gw		小冰盘Sf冰块Ic	
2013-1-27 14:00:00		10	10	10	灰冰G灰冰G		中冰盘Mf小冰盘Sf	
2013-1-27 8:00:00		10	10	10	灰冰G灰冰G		中冰盘Mf小冰盘Sf	
2013-1-26 8:00:00		10	10	10	灰冰G灰冰G		中冰盘Mf小冰盘Sf	
2013-1-25 14:00:00		9	9	10	灰白冰Gw白冰W		中冰盘Mf小冰盘Sf	
2013-1-24 8:00:00		4	4	10	灰冰G灰白冰Gw		碎冰Bi冰块Ic	
2013-1-23 8:00:00		3	3	7	灰冰G灰白冰Gw		小冰盘Sf冰块Ic	
2013-1-22 14:00:00		8	8	10	尼罗冰Ni灰冰G		小冰盘Sf中冰盘Mf	
2013-1-19 8:00:00								
2013-1-18 8:00:00		3	3	7	冰皮R初生冰N		冰块Ic碎冰Bi	

图6-82　台站数据导出表格数据

数据检索部分由时间条件和站点条件组成，通过选定时间范围（制定起始时间和结束时间）和站点名称，确定组合式检索条件，系统自动执行统计过程，并将结果以数据表方式显示在地图视窗中。

6.4.5.5　系统设置

包括地图配置管理、服务端地址配置、FTP 地址管理、绘图符号设置、修改密码等功能。该部分功能与海浪系统类似。

6.4.6　数值预报

数值预报产品子系统的主要功能是基于基础 GIS 功能，对海洋气象数值预报产品进行可视化显示，支持数值预报信息在地理底图上的缩放、漫游和选择显示；依据预报员经验，提供单点和区域选择等多种方式，对数值预报结果中错误或不确定数值进行人工订正；在精细化数值预报的基础上，通过自定义区域选择，提取精细化数值预报结果，辅助预报员制作指定区域精细化海洋预报产品；针对港口、码头及其他自由点，提供多要素数值预报结果的快速提取功能，为定点定量的海洋预报提供数值参考。

数值预报产品子系统功能包括数值预报产品显示、数值预报产品修正、精细化格点预报制作和定点定量预报制作。

6.4.6.1 数值预报产品显示

数值预报产品显示模块主要包括数值预报产品选择、数值预报产品显示控制、数值预报显示分区预警、定点定量预报产品显示。

1）数值预报产品选择

通过输入数值模式、要素、高度层和起报时间，对指定条件的数值预报产品进行加载和显示。

模块中，数值模式的选择是通过列表的形式进行点选，系统中提供的主要数值模式包括西北太平洋海浪、全球海浪、全球风场和中国近海温盐流，如图 6-83 所示。

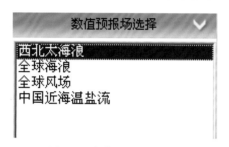

图6-83　数值预报模式选择

选择数值模式后，系统在要素栏显示该数值模式中的预报要素，用户可点击选择想要显示的要素。如西北太平洋模式只定义了海浪产品，用户可选择海浪相关预报要素。当选择其它数值模式时，系统重新获取该数值模式下的预报要素并显示，如图 6-84 所示。

每个要素对应不同的高度层，选择要素后，系统获取该要素对应的高度层定义并显示，如图 6-85 所示，系统针对海温产品提供了表层、水下 10 m、水下 20 m 和水下 50 m 的预报产品，用户可点击选择。

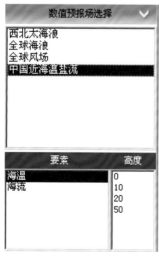

图6-84　数值预报要素选择

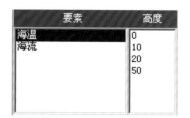

图6-85　数值预报高度层选择

如选择表层，系统在数值预报产品绘制弹出窗口中添加该指定条件产品，如图6-86所示。

	模式名称	要素名	高度层	起报时间		时序		属性	上时	下时	删除
☑	西北太海浪	海浪	surface	2013-08-01	20时 ▼	1日20时 ▼		☀	⬅	➡	✖
☑	中国近海温盐流	海温	0	2013-08-01	20时 ▼	2日20时 ▼		☀	⬅	➡	✖

图6-86　数值预报产品绘制弹出窗口

通过图层控制，用户在数值预报产品绘制弹出窗口中点击勾选想要展示的数值预报产品，系统在地图上叠加显示选择的数据。

2）数值预报产品显示控制

数值预报产品显示控制的主要方法包括数值预报产品控制、起报时间控制、绘制属性控制、产品遍历控制和删除产品。

在数值预报产品控制窗口中提供复选按钮，每个数值预报产品对应一个复选按钮，用以控制该预报产品是否在地图上显示，如图6-87所示。如取消中国近海温盐流模式中表层海温要素的显示，可点击取消该产品前的选中，系统将重绘所有勾选状态的数值预报产品，对没有勾选的要素取消显示。

起报时间控制包括日期和小时选择，如图6-88所示。日期采用日历控件的方式进行选择，点击起报时间出现日历控件，点击选择显示日期。小时选项是系统根据数值预报模式产品的定义进行加载，如果模式的起报时间为08时和20时，则会自动提供08时和20时选项，选中小时选项后，如果该产品被选中，则在地图上重新绘制该时间的产品。

时序控制是针对选中的产品，系统自动加载模式预先定义的时间序列，并在下拉列表中显示，如图6-89所示。当选中新的时序时，如果该产品被选中，系统则在地图上重绘该时刻的产品。

	模式名称	要素名	高度层
☑	西北太海浪	海浪	surface
☑	中国近海温盐流	海温	0
☑	全球风场	风	1000

图6-87　数值预报产品显示模式控制

模式名称	要素名	高度层	起报时间	
西北太海浪	海浪	surface	2013-08-02	20时 ▼

图6-88　数值预报显示起报时间控制

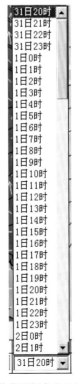

图6-89　数值预报产品显示时序控制

绘制属性控制是通过设置数值预报产品的绘制属性，控制该产品的图形显示，属性控制窗口如图 6-90 所示。绘制属性包括绘制等值线、自动计算值、值间隔、绘制重点线、进行平滑、平滑参数、填充色斑图、显示标签、线条粗细、显示数据、绘制符号和地图覆盖。

数值预报产品绘图属性设置窗口		
绘制等值线：☑	自动计算值：☐	值间隔：0
绘制重点线：☐	进行平滑：☑	平滑参数：10
填充色斑图：☑	显示标签：☑	线条粗细：1
显示数据：☐	绘制符号：☑	地图覆盖：☑
保存		

图6-90　数值预报产品显示绘制属性控制

产品遍历控制是通过快捷按钮，提供数值预报产品上一个和下一个时序产品之间的显示，如图 6-91 所示。点击上时和下时箭头，系统在地图上分别绘制上一个和下一个时间序列的数值预报产品。

上时	下时
←	→

图6-91　数值预报产品显示产品遍历控制

删除产品是对不需要显示的数值预报产品，通过删除按钮，将其从"数值预报产品"控制窗口中删除。

3）数值预报显示分区预警

数值预报产品分区预警对由后台程序根据预警策略定时从数值预报产品中识别出分区的最高预警信号和逐时序的预警信号，逐层展开显示，方便预报员从数值预报结果中快速定位出有用的信息。模块主要功能包括分区预警显示和分区逐时预警显示。

分区预警显示是根据设定的分区和预警策略，从数值预报产品中识别出每种模式在分区中的预警信号，按照表格进行显示，如图 6-92 所示。图中，渤海海区有黄色预警信号、黄海海区有黄色预警信号、东海海区有橙色预警信号和南海北部海区有橙色预警信号。分区的预警信号是整个数值预报在所有时序的最高预警信号，预警信号一般按照蓝色、黄色、橙色和红色进行设置，在配置文件中预先配置好预警策略，由后台程序在数值预报产品生成时进行识别。

数值预报产品分析结果						
模式	起报时间	产品	渤海	黄海	东海	南海北部
西北太海浪	2013-08-01 20时	海浪	○	○	●	●

图6-92　数值预报分区预警显示

分区逐时预警显示是根据数值预报产品的预报结果，显示指定区域、指定要素在未来若干小时内的预警级别信息，如图 6-93 所示。图中显示的主要内容是数值预报的逐时时序和逐时序对应海域最高预警，点击逐时的预警信号图标，可在地图上绘制该时次的数值预报产品。

图6-93　数值预报分区逐时预警显示

4）定点定量预报产品显示

定点定量预报产品显示主要包括时序曲线显示、单模式产品集合曲线显示和多模式产品集合曲线显示。

时序曲线显示模块展示的主要信息包括模式产品列表、数值预报产品的起报时次、要素名、高度层和预报时间，如图 6-94 所示。窗口默认显示当前第一个数值预报模式中第一个要素对应的第一个高度层的逐时序曲线，可通过设置模式、起报时间、要素和高度层，显示不同的曲线。

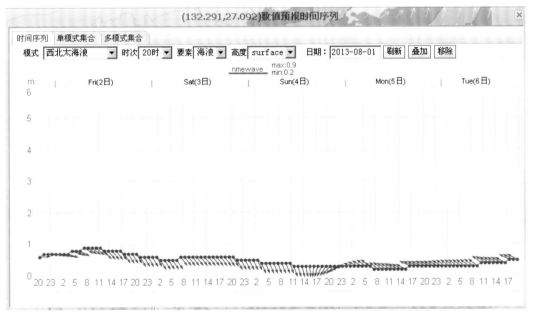

图6-94　定点定量预报产品时序曲线显示

单模式集合曲线显示模块展示的主要内容是单个模式中多时次的时序预报曲线，包括模式产品列表、起报时次、要素名、高度层和预报时间，见图 6-95 所示。图中展示了西北太海浪模式在 4 个时次的预报结果，用户可根据需要切换其他模式、高度和预报时间。

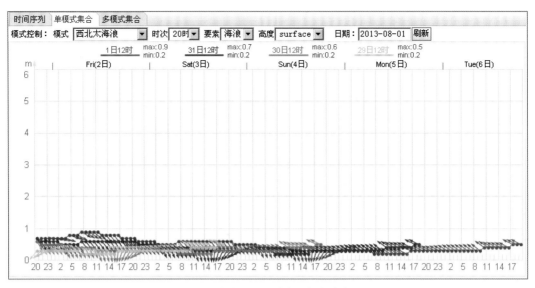

图6-95　定点定量预报单模式集合曲线显示

多模式集合曲线显示模块显示的主要内容是多模式在指定要素和时次条件下的时序曲线，如图 6-96 所示。多模式集合曲线的产品在配置预报中预先定义，修改日期可改变曲线中数值预报产品的起始时间。

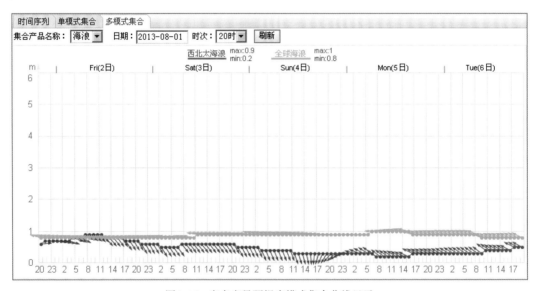

图6-96　定点定量预报多模式集合曲线显示

6.4.6.2　数值预报产品修正

在数值预报产品显示的基础上，支持通过多种方式对数值预报产品进行自定义修改，主要修改手段包括格点修改、时序修改、区域修改和点面结合修改。数值预报产品修正的主要流程包括选中、修改数值或曲线和重新渲染。

1）格点修改

选中格点，在网格格点上点击编辑，显示输入文本框，在文本框中设置新值，鼠标点击空白位置，完成对格点的预报值修改（图6-97）。

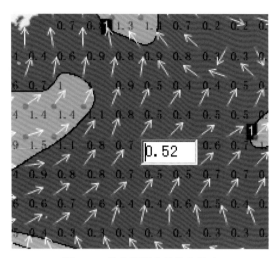

图6-97　数值预报产品格点修改

2）时序修改

时序修改支持按预报值时序曲线的日最低值修改、日最高值修改、按普通数值修改、按指定值修改、整体升降和按修改方向值修改，如图6-98所示。

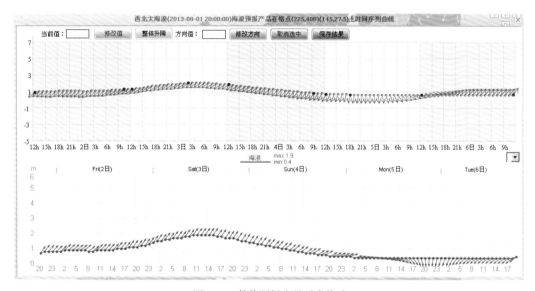

图6-98　数值预报产品时序修改

时序修改的主要方式：以红色点和蓝色点分别标识日最低值和最高值，用户可通过鼠标拖拽修改日最高值和最低值，系统对修改后的曲线进行插值和重绘；绿色点为普通点，用户通过鼠标拖拽修改绿色点，系统修改该点的值并重绘曲线；选中节点后，在"当前值"文本框中输入设定值，点击"修改值"按钮，系统重绘曲线；当前值输入文本中设定值，点"整体升降"按钮，系统写入该时序的预报值并重新绘制曲线；对于风、浪和流等矢量产品，在曲线上按住鼠标左键并左右拖动，在方向值输入文本中设定值，点"修改方向"按钮，系统重绘曲线。

3）区域修改

系统支持对选定区域内的格点按照多点方式进行统一修改，订正参数的方式包括按绝对值、按百分比和按梯度订正。设定好订正参数之后，鼠标在地图上左键点击中，绘制出所需要的区域，鼠标右键结束，系统自动形成闭合区域，然后按照预先设置的订正方式对区域内的格点数值进行修改，并重新绘图，如图6-99所示。

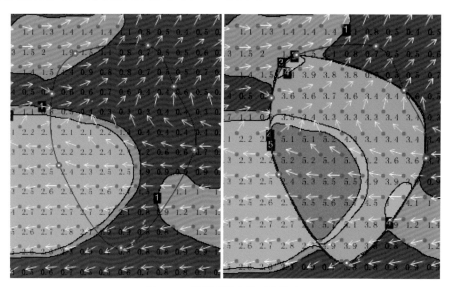

图6-99　数值预报产品区域修改

4）点面结合修改

点面结合修改模块是以选中的区域上，将当前区域内的任意一点做为该区域的代表进行修改。以区域修改的方式在地图上划定一个选中区域，点击区域内的任何一个格点，显示该格点的时序曲线图，上半部分的曲线图为可修改曲线，下半部分为数值预报产品的时间序列曲线。点击曲线中的节点，按照时序修改的方式对该格点的时序预报数值进行修改。完成后，系统重绘该格点时序曲线和该区域预报图，如图6-100所示。

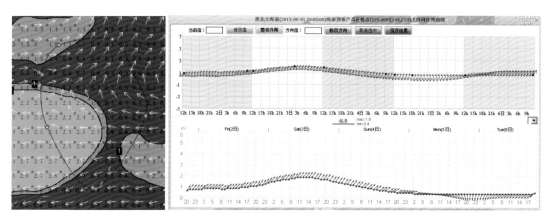

图6-100　数值预报产品点面结合修改

6.4.6.3　精细化格点预报制作

系统在数值预报显示和修改的基础上，支持基于数值预报网格预报基础上的预报产品制作，制作流程包括数据加载、自定义区域、预报制作与合成预报结果。

1）数据加载

系统从数据库中读取预先处理的当前预报时间的 0 时～6 时格点预报值，通过绘图引擎绘制成图形，如图 6-101 所示。初始数据加载后，该时段的格点精细化预报结果保存在数据库中，并在界面中将该时段数据标识为红色。系统可调入其他时段初始数据，并在地图中勾选显示。

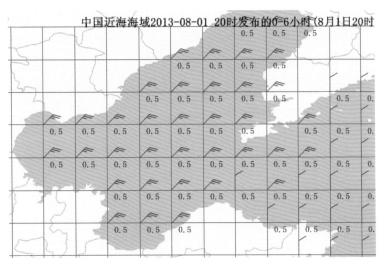

图6-101　精细化格点预报数据加载

2）自定义区域

通过鼠标点击，在地图中绘制自定义区域，在绘制结束后，点击鼠标右键，完成绘制，系统自动在前端形成闭合区域，如图 6-102 所示。鼠标左边点击过程中不断绘制出自定义区域的曲线，鼠标点击后，必须释放按键，才能绘制下一个点。

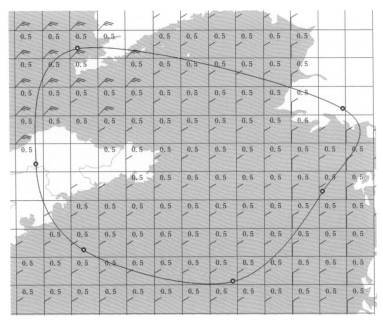

图6-102　精细化格点预报自定义区域

自定义区域曲线上有蓝色的小圆点，通过这些小圆点可以修改自定义区域的形状，鼠标移动到小圆点上，鼠标变成"东南到西北"形状，按住鼠标左键，移动到新位置，释放鼠标左键，系统重新计算并绘制当前自定义区域的形状。

3）预报制作

系统提供两种方式辅助用户完成预报制作：一是基于控制界面的预报结果修改；二是基于列表界面的预报结果修改。

基于控制界面的预报结果修改是通过"区域选择"和"要素控制"配合使用，实现当前时段格点精细化预报的修改。如在"预报范围"中选中"渤海"，在"精细化预报要素设置"中，选择"风向"为"东南风"，风力为"6～7"级，修改后效果如图6-103所示。

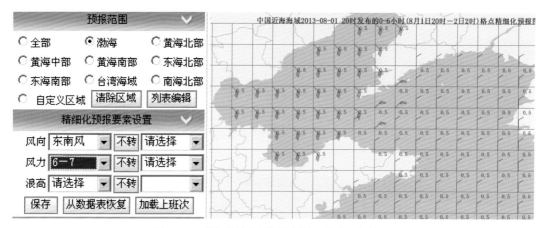

图6-103　精细化格点预报控制界面修改预报结果

基于列表界面的预报结果修改是利用列表中格点和范围选择的密切关系，通过列表编辑完成精细化预报产品制作。选中预报范围，系统加载该区域的所有格点，用户通过列表的方式对预报结果进行修改和订正，完成预报产品制作，如图6-104所示。

图6-104　精细化格点预报列表界面修改预报结果

4）合成预报结果

预报员制作并保存0时～6时，6时～12时，12时～18时，18时～24时时段的精细化格点预报后，可通过"合成"按钮，系统自动根据 0 时 ~ 6 时，6 时 ~ 12 时，12 时 ~ 18 时，18 时 ~ 24 时 4 个时段的预报机结果合成"0 时 ~ 12 时""12 时 ~ 24 时""0 时 ~ 24 时"时段的预报结果。

6.4.6.4 定点定量预报制作

定点定量预报制作基于数值预报产品，通过输入指定坐标的点位，从数值预报格网中抽取定点的时序数值预报结果，并依据经验和实测数据对预报结果进行人工订正，形成规范的定点定量预报产品。从应用场景上来讲，定点定量预报制作的主要功能包括港口码头预报制作和自由点预报制作。

1）港口码头预报制作

港口码头预报制作的主要流程包括选择港口、修改预报值和保存预报结果。

漫游地图，将鼠标移动到港口点位置，悬停时会弹出港口信息，如图 6-105 所示。窗口显示的主要信息包括站号、站高度、地址和经纬度位置。

图6-105　港口码头预报制作点位选择

点击红色点位，系统弹出预报制作界面，如图 6-106 所示。界面分上、下两部分，上半部分为预报修改曲线，下半部分为数值预报产品曲线。预报员通过拖动曲线上的点，来调整港口的预报值。曲线上按天为单位，分成若干段，红点表示当天的最高值，蓝点表示当天的最低值，绿点是时次的值。与数值预报产品时序修改相似，预报值的主要修改方式包括对最高值调整、对最低值调整、对绿点调整、定值修改、整体升降和连续修改。

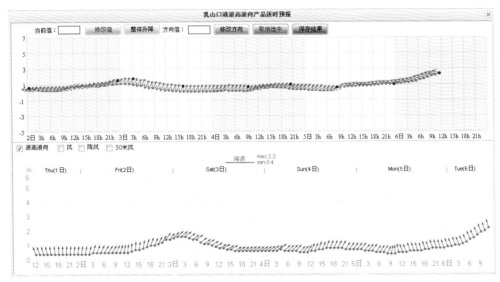

图6-106　港口码头预报制作

修改完成后，预报员对修改结果进行保存，系统将修改曲线上的每个时次的值保存到数据库中，形成了对港口码头的逐时精细化预报。

2）自由点预报制作

自由点预报制作是针对地图网格中的任意一点，从数值预报产品中提取该点时序预报结果，预报员在此基础上制作自由点预报。与港口码头预报制作类似，自由点预报制作的主要流程包括选择位置、修改预报值和保存预报结果。

漫游地图，在地图中移动预报位置，在任意点位点击鼠标右键，弹出预报制作界面，如图6-107所示。界面分为上、下两部分，上半部分为预报修改曲线，下半部分为数值预报产品曲线。

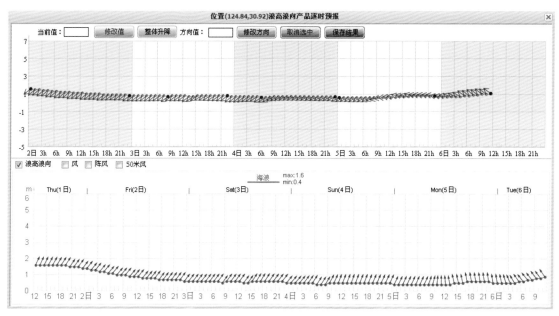

图6-107　自由点预报制作

预报员通过拖动曲线上的点来调整自由点的预报值。调整方式主要包括对最高值调整、对最低值调整、对绿点调整、定值修改、整体升降和连续修改。点击保存，系统将修改曲线上的每个时次的值保存到数据库中，形成了对自由点的逐时精细化预报。

6.4.7　专项预报

专项预报系统针对定点位置的海洋气象的预报服务需求，统一、批量制作标准化的预报产品，规范预报单制作流程，方便预报员操作，减少预报单制作时间。专项预报产品系统的主要功能包括公司信息配置、预报信息管理、预报单制作和其他功能。

6.4.7.1　公司信息配置

公司信息为用户公司的基本情况，包括公司中文名称、英文名称、公司代码、联系电话、传真、经纬度等信息，是公司邮箱和FTP配置的必要条件。点击"系统设置"—"单位信息设置"—"公司信息管理"进入公司信息管理界面，如图 6-108 所示。

图6-108　专项信息管理

　　公司信息配置的主要功能包括公司邮箱管理、公司 FTP 管理。点击"新增"，可添加公司邮箱，界面如图 6-109 所示。以中国海洋石油公司为例，首先从公司下拉菜单中选择"中国海洋石油总公司"，然后填写邮箱地址、中文名、英文名，点击"确定"，完成添加。

图6-109　专项预报公司邮箱管理

　　点击"查询"，可查看指定公司的邮箱信息。邮箱信息表中点击"编辑"，可编辑已有的邮箱，点击"删除"，可删除一条公司邮箱记录。

　　公司 FTP 信息包括公司名称、公司 FTP 地址、用户名、密码等信息，为可选项，可不配置。点击"系统设置"—"单位信息设置"—"公司 FTP 管理"进入公司 FTP 管理界面，见图 6-110 所示。

　　点击"新增"，可添加公司 FTP，首先从公司下拉菜单中选择"中国海洋石油总公司"，然后填写 FTP 地址、用户名、密码，点击"确定"，完成添加。若填写的 FTP 信息有误，系统会提示错误，请核实 FTP 地址及用户名密码。

图6-110　专项预报公司FTP管理

图 6-110 中点击"查询"可查看指定公司的 FTP 信息。FTP 信息表中点击"编辑"可编辑已有 FTP 信息，点击"删除"可删除一条公司 FTP 记录。

6.4.7.2　预报信息管理

预报信息管理的主要功能包括预报点管理、预报单关联、区域分组管理、另存为目录设置和合同信息设置。

1）预报点管理

预报点管理主要功能包括预报点管理、预报点邮箱管理和预报点 FTP 管理。预报点信息为用户的基本情况，包括公司名称、预报点中文名称、英文名称、预报点经纬度等信息，是预报点邮箱和 FTP 配置的必要条件，界面如图 6-111 所示。预报点管理界面支持预报点的查询、新增、编辑和删除。

图6-111　预报点管理界面

预报点邮箱为预报产品制作完成后推送的接收邮箱，包括公司名称、预报点名称、邮箱地址、用户名（中文）、用户名（英文）等信息，一个预报点可配置多个接收邮箱。预报点 FTP 为预报产品制作完成后推送的上传 FTP 地址，包括公司名称、预报点名称、FTP 地址、用户名、密码等信息，一个预报点可配置多个接收 FTP 地址。

2）预报单关联

预报单关联为指定公司下指定预报点在常规预报、临时编报、海区预报、浒苔预报中输出的产品格式及类型配置，如图 6-112 所示。

图6-112　专项预报单关联界面

界面中依次选择公司名称和公司合同下预报点名称，然后在推送设置中选择预报类型（包括常规预报、临时预报、海区预报和浒苔预报），"制作设置"中勾选制作中文产品和英文产品，"推送设置"中配置邮箱和 FTP 推送的产品类型（包括 WORD 产品、TXT 产品、PDF 产品）。

3）区域分组管理

区域分组管理为预报点与海区的映射关系配置，同一海区预报点的预报数值可能相近，放在同一海区可实现批量制作，减少工作量。区域分组管理界面如图 6-113 所示。

图6-113　专项预报区域分组管理

区域分组管理的主要功能包括查询区域分组、添加区域分组、编辑区域分组、删除区域分组。管理的主要信息包括公司所属区域、公司单位名称、预报点名称。

4) 另存为目录设置

另存目录为预报产品制作完成后在本地机器上另存为的目录地址，一个公司的预报产品存放在同一个文件夹下。界面如图6-114所示，选择公司单位名称，浏览本地文件夹，选择另存为目录，保存后完成另存为目录设置。

图6-114　专项预报另存为目录设置

5) 合同信息设置

合同信息设置为预报单内容的框架配置，包括表格要素（预报时效、水文要素、气象要素）配置和附加信息（附加要素、展望天数）配置（图6-115）。

合同名称	预报天数	合同类型	预报类别	编辑	删除
BZ28-34合同	5	预报点	专项预报	编辑	删除
BZ26-2合同	3	预报点	专项预报	编辑	删除
青岛海工场地合同	3	预报点	专项预报	编辑	删除
南堡合同	3	预报点	专项预报	编辑	删除
海工垦利10-1合同	3	预报点	专项预报	编辑	删除
大港肇东合同	5	预报点	专项预报	编辑	删除
金县油田合同	3	预报点	专项预报	编辑	删除
锦州9-3合同	3	预报点	专项预报	编辑	删除
锦州25-1合同	3	预报点	专项预报	编辑	删除
BZ34-1合同	3	预报点	专项预报	编辑	删除
CB04标经理部合同	5	预报点	专项预报	编辑	删除
BZ131合同	3	预报点	专项预报	编辑	删除
中海油秦皇岛32-6合同	5	预报点	专项预报	编辑	删除

图6-115　专项预报合同信息设置

合同信息设置的主要功能包括要素管理、新增合同、编辑合同和删除合同。要素管理是为合同设置气象水文要素的名称和英文名。合同增删改的主要内容是合同名称、预报天数、合同类型和预报类别。

6.4.7.3　预报单制作

常规预报单制作主要为专项预报单的制作，支持对同海区预报点的批量制作、历史相似预报信息的快速导入、预报信息入库、预报单保存及邮箱和 FTP 推送。预报单制作界面如图 6-116 所示。

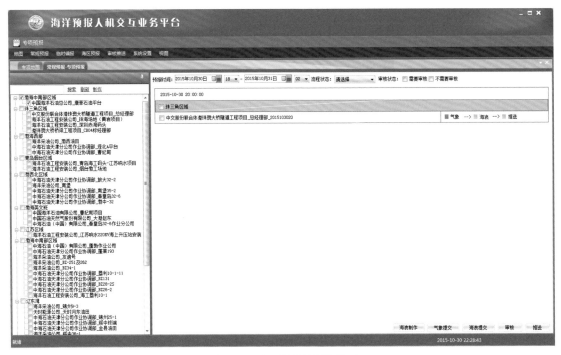

图6-116　专项预报单制作界面

预报单制作的主要流程包括填写预报员信息、填写气象预报信息、填写海浪预报信息、审核和推送（图 6-117）。

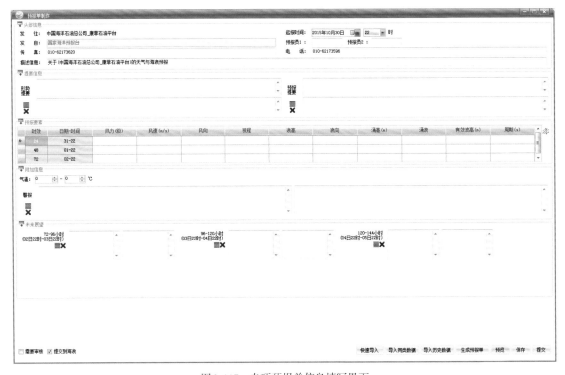

图6-117　专项预报单信息填写界面

预报员信息主要包括发往单位、起报时间、预报员名字、预报员代号、传真、电话、描述信息等。编辑形式提要、预报提要等预报信息（中英文对照），填写合同中配置的预报要素值，包括 3 天的气象要素（风、能见度、天气现象等）和水文要素（浪、涌等）预报结果，填写气温预报范围、警报及 3 天的展望（中英文对照）等信息。

预报要素填写由气象和海浪组分两步完成。气象填写预报员 1、形式提要、预报提要、预报要素中的气象部分（包括"风力""风向""风速"和"视程"）、气温、警报和展望，输入完成后，点击预报单制作界面中的"生成预报单"按钮，系统提示生成并保存预报单，点击"保存"按钮将输入信息保存至数据库，点击"提交"按钮，将预报单交由海浪组继续完成。

海浪组点击未完成记录，继续制作预报单，填写预报员 2、预报要素中的水文部分（本例包括"浪高""浪向""涌高""涌浪""有效波高"和"周期"），完善警报及展望内容。完成后，点击预报单制作界面中的"生成预报单"按钮，系统重新生成并保存预报单，点击"提交"，系统提示生成并保存预报单，确定后返回至专项预报主界面。

专题预报主界面中，点击"审核"按钮，可查看待审核预报单的输入信息是否有误。如无误，点击"推送"按钮，将预报产品推送到公司邮箱及 FTP，推送后主界面流程中的推送标识变为绿色，预报制作完成。

推送是将制作完成的预报单通过邮箱或 FTP 发送至用户方，点击"推送"按钮，将预报单推送至用户邮箱和 FTP。

6.4.7.4 其他功能

专项预报系统的其他功能包括发件箱管理、专项预报单查询和预报单审核。

发件箱为预报产品邮件发送的服务邮箱，配置信息包括邮箱服务器、邮箱地址、密码，如图 6-118 所示。此外，还可新增发件箱，编辑发件箱信息，删除发件箱。

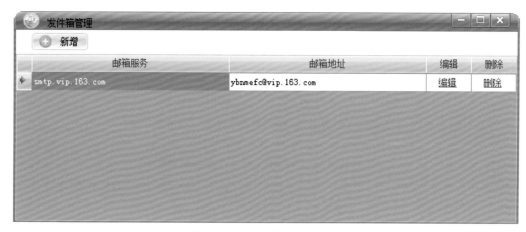

图6-118　专项预报发件箱管理

专项预报单查询为辅助预报员制作预报单，系统支持对预报单的查询，在"常规预报"—"专项预报"主界面右侧（图 6-119），通过选择预报时间段、流程状态、审核状态选择，界面将自动刷新所有满足查询条件的预报单，显示预报单的完成情况。

图6-119　专项预报单查询

预报单审核是为确保预报单信息的正确性，系统设计了预报单审核的流程（预报单制作也可无预报单审核流程）。预报员可在系统主界面中勾选预报单，点击"审核"按钮，可以对待审核的预报单进行查看与操作。此外，预报员可以通过关键词检索待审核的预报单，也可在待推送的预报单列表中直接点击查看。若预报单有误，可将预报单撤回至海浪或气象；若无误，点击"通过"按钮，完成审核，将预报单送入推送流程（图 6-120）。

图6-120　专项预报单审核

6.4.8　数据监控

数据监控用于实际展示海洋站、浮标观测数据到达情况，辅助数据值班人员查询、统计实时观测要互文件及传输链路是否正常。系统分为地图视野平台、文件到报平台、要素到报统计、数据查询和系统维护等模块。

6.4.8.1　实时数据监控 GIS 平台

地图视野模块主要是在 GIS 地图界面上展示海洋站、浮标及船舶各站点的最新数据及数据的到报情况。

6.4.8.2 文件到报

文件到报统计模块，默认展示最新一小时的海洋站分钟数据文件到报情况。

基于文件统计规则，标识出每个站点在统计时段内的文件落盘情况，并按预定义颜色渲染展示、具体站点查询时，统计出时段内文件缺失情况，并支出数据导出（图6-121）。

站点一览文件到报结果展示

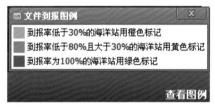

单站文件缺报统计

到报结果导出

图6-121 文件到报监控功能及界面

6.4.8.3 要素数据查询及统计

提供按照数据来源分类、时间段、站点（名称、代码）的条件检索，用户确定条件后，执行检索操作，返回观测要素统计结果，并将观测数据通过数据表、要素时间序列曲线等方式展示，如图 6-122 所示。通过数据查询功能，值班人员可详细各站点观测要素数据到达及变化情况。

图6-122　观测要素统计及数据查询展示

6.4.8.4　系统管理程序

系统设置负责 GIS 平台查询管理，文件到报监控管理（图 6-123）。

图6-123　系统管理程序界面

197

6.4.9　系统管理

海洋预报管理子系统实现业务化试点地区各单位预报产品对比分析，提供预报产品的客观分析工具，辅助预报产品验证；在统一平台上实现业务化试点地区海洋实时数据的处理、分发和共享，提供实时数据的规范服务；集成海洋预报业务子系统的海洋预报信息可视化展示功能；基于海洋预报流程的管理和汇报文档快速定制。海洋预报管理子系统主要功能包括观测站点管理和用户管理。

6.4.9.1　观测站点管理

观测站点管理负责增加、编辑、删除海洋站点和浮标站位基础信息，其基本界面如图6-124所示。

图6-124　观测站点维护界面

观测站点管理功能提供按照组织机构（海区、中心站）和海洋站名称方式的复合检索方式，用户可单独或批量检索出海洋站点信息，并支持对选中站点信息的修改，包括台站名、警戒潮位、经纬度等信息，见图6-125所示。

图6-125　海洋观测站点检索

支持添加新的海洋观测站点，系统提供按照组织机构和浮标名称的复合方式的查询检索，方便快速定位（图 6-126）。

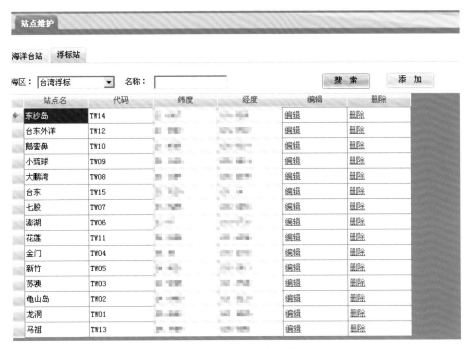

图6-126　浮标站点检索

6.4.9.2　用户管理

用户管理负责为不同业务系统分配用户和密码。

用户管理分为用户组和用户管理两部分，用户组管理主要负责建立与各业务系统相对应的用户组别，如海浪组直接对应海洋预警报系统，风暴潮组直接对应风暴潮警报系统，依次类推。用户管理是为每个具体用户（预报员）分配组别，并录入基本信息、设置密码，使之可以进入对应的预报系统（图 6-127）。

模块提供了按照组别和人员名称的复合检索方式，以便可以快速检索特定用户（图 6-128）。

模块提供添加、编辑、删除用户的功能，支持通过录入基本信息、选择组别、设置密码，完成添加、编辑、删除功能（图 6-129）。

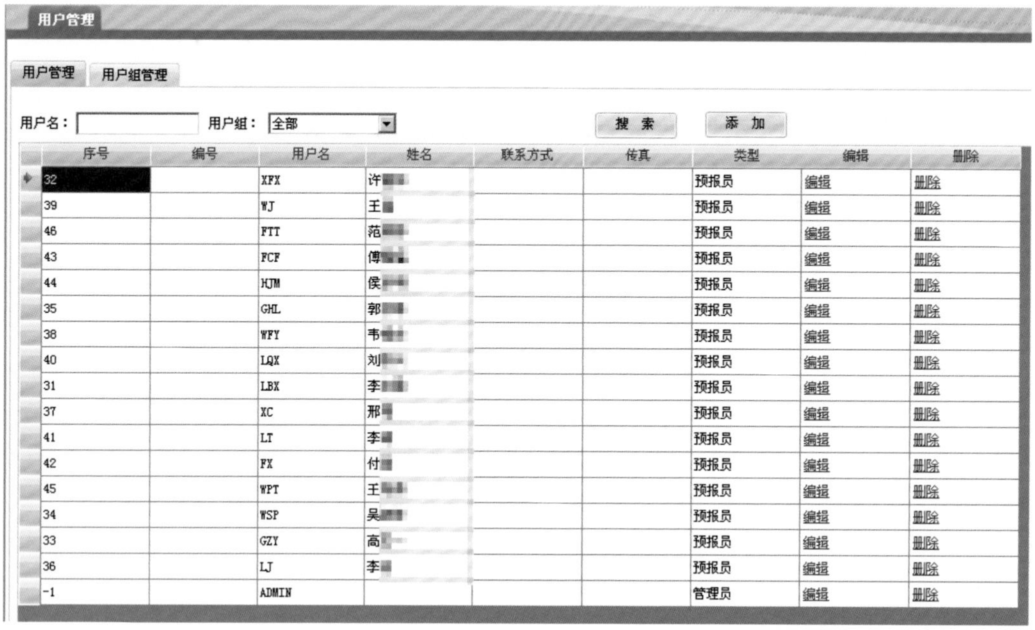

图6-127　用户管理界面

图6-128　用户检索界面

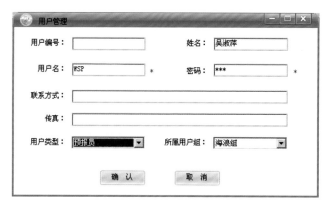

图6-129　用户输入界面

第7章　海洋预报人机交互平台
软件应用及培训

为了更好地面向业务化海洋预报应用，对海洋预报综合信息系统进行了成果提炼和转换，推出了海洋预报人机交互平台软件。该软件应用于海浪、风暴潮、海冰、海洋气象、热带气旋等预报业务，功能涵盖观测数据处理、查询检索、展示，数值预报结果展示、计算分析，人机交互式分析制图以及各类预报、警报类产品的生产制作等，较为全面地满足了日常预报、警报工作的需求，提升了预报自动化和信息化的水平。

7.1　应用

7.1.1　国家预报中心业务应用

平台于 2011 年 6 月在国家海洋环境预报中心完成了安装部署，并在预报业务部门开展了使用培训和反馈意见收集，经过 6 个月的测试和修改完善，自 2012 年 1 月起，平台陆续在海浪预警报、风暴潮警报、海面大风预警报、热带气旋警报、专项预报和海冰预警报中投入业务化运行。

截至 2016 年 5 月，通过该平台累计制作海浪预报、实况分析图 3 540 份，海浪警报单 424 份，风暴潮警报单 262 份，海面大风预报、警报产品 928 份，海冰预报、警报单 83 份，热带气旋专项警报 5 830 份，专项预报产品超过 60 000 份。

7.1.2　海区预报中心业务应用

北海、东海、南海预报中心先后于 2012 年和 2013 年部署了平台，包括 1 套数据处理系统（含数据库）和 4 套预报产品系统（海浪、风暴潮、海洋气象、台风），截至 2017 年 6 月，系统运行稳定，预报员通过该系统制作海浪、风暴潮警报产品超过 1200 余份。

7.1.3　省级预报中心业务应用

福建省海洋预报台、浙江省海洋预报台、江苏省海洋预报台、海南省海洋预报台先后于 2013 年和 2014 年部署了平台，包括 1 套数据处理系统（含数据库）和 4 套预报产品系统（海浪、风暴潮、海洋气象、台风），截至 2017 年 5 月，系统均稳定运行已超过 3 年。

7.1.4　应用情况总结

自 2012 年起在国家海洋环境预报中心、海区预报中心、省级预报中心、中心站（含海洋站）等海洋预报机构完成了平台的安装、调试，开展业务化运行或试运行，相关单位见表 7-1 所示。

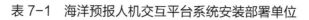

表 7-1　海洋预报人机交互平台系统安装部署单位

序号	部署应用单位	部署时间
1	国家海洋环境预报中心	2012 年 1 月
2	国家海洋局北海预报中心	2012 年 10 月
3	国家海洋局东海预报中心	2012 年 10 月
4	国家海洋局南海预报中心	2012 年 10 月
5	辽宁省海洋环境预报与防灾减灾中心	2013 年 12 月
6	国家海洋局秦皇岛海洋环境监测中心站（河北省海洋预报台）	2013 年 12 月
7	国家海洋局天津海洋环境监测中心站（天津市海洋预报台）	2013 年 12 月
8	江苏省海洋环境监测预报中心	2013 年 9 月
9	上海市海洋环境监测预报中心	2013 年 12 月
10	浙江省海洋监测预报中心	2013 年 12 月
11	福建省海洋预报台	2013 年 12 月
12	国家海洋局北海海洋环境监测中心站	2013 年 8 月
13	海南省海洋监测预报中心	2014 年 5 月
14	国家海洋局大连海洋环境监测中心站	2014 年 3 月
15	国家海洋局烟台海洋环境监测中心站	2014 年 3 月
16	国家海洋局南通海洋环境监测中心站	2014 年 3 月
17	国家海洋局宁波海洋环境监测中心站	2014 年 3 月
18	国家海洋局温州海洋环境监测中心站	2014 年 3 月
19	国家海洋局闽东海洋环境监测中心站	2014 年 3 月
20	国家海洋局厦门海洋环境监测中心站（厦门海洋预报台）	2013 年 9 月
21	唐山市海洋环境监测预报中心	2014 年 3 月
22	沧州市海洋环境监测站	2014 年 3 月
23	广东省海洋与渔业环境监测预报中心	2014 年 3 月
24	营口海洋环境预报与防灾减灾中心	2013 年 12 月
25	国家海洋局三沙海洋环境监测中心站（国家海洋局三沙海洋环境预报台）	2013 年 12 月
26	福州市海洋预报台	2013 年 10 月

7.2 培训

系统使用培训是海洋预报综合信息系统推广应用的基础工作，主办单位非常重视海洋预报人员、系统维护人员的人才培养和队伍建设，制定了系统培训方案与系统安装部署手册、系统用户手册等，通过多种形式和手段，多次开展了海洋预报综合系统的系统应用培训，先后在国家预报中心、海区预报中心、省级预报台及中心站级预报台等海洋预报机构开展人员培训。

依据培训方案完成系统培训，培训方式包括现场培训和集中培训，并在进行培训之前面向预报业务人员与系统维护人员制定了培训计划，内容包括应用系统用户培训以及其他相关技术培训，确保每一位系统使用人员能够独立、熟练地完成操作，保证系统用户能够独立处理突发事件和进行简单的功能调整。课题组安排具有丰富专业实际工作和培训经验的人员，针对本系统的配置与使用，进行完整全面的培训，确保受训人员能够熟练地对系统进行安装、调试、运行、维护、管理及应用系统的使用操作。

根据实施经验，将培训对象分成以下两大类：

（1）海洋预报业务人员，预报员应掌握业务流程及使用系统功能，开展预报分析处理，培训时以使用户熟练掌握应用系统业务相关功能为主要目的，掌握系统人机交互界面操作方法；

（2）系统维护人员，运维人员应熟悉系统软件日常维护和初步的故障排查，具有较好的系统管理、操作使用、维护、维修和故障诊断及中小故障的排除以及进一步开发、应用所需的知识和技能，保证系统的正常运转。

培训方案主要内容简要如下：

（1）采用总体介绍、技术讲解、操作示范和上机实践相结合的方式开展平台软件培训工作，确保预报员对平台概况、系统功能、操作方法、维护管理等方面有较为详细的了解和掌握；

（2）为保证培训效果，拟采取分批集中培训方式。在各级预报机构组织分配集中培训，组织无应急工作的预报员，每天抽出 2 ~ 3 小时参加培训，时间约为 2 ~ 3 天；

（3）海洋预报综合信息系统的培训对象为国家海洋环境预报中心、海区预报中心、省（区、市）海洋预报台的各预报业务部门、信息部门等相关预报员和技术人员；

（4）每次分批集中培训分两个阶段进行，第 1 次课以汇报讲解和操作示范为主，剩余课程为上机实践操作，力求在最短的时间内使预报员快速、准确地掌握系统的使用方法。

培训主要内容见表 7-2 所示。

表7-2 培训内容

培训内容	参加人员	培训方式
海浪系统概述及功能讲解；系统基本功能熟悉	海浪预报人员、技术人员等	PPT 讲解 操作演示 上机操作
海浪系统上机实践（绘图、产品制作）		上机操作
海浪系统上机实践（绘图、产品制作）		上机操作
风暴潮系统概述及功能讲解；系统基本功能熟悉	风暴潮预报人员、技术人员等	PPT 讲解 操作演示
风暴潮系统上机实践（绘图、产品制作）		上机操作
台风与海洋气象系统概述及功能讲解	台风与气象预报人员、技术人员等	PPT 讲解 操作演示
台风与海洋气象系统警报制作上机实践		上机操作
海冰系统概述及功能讲解	海冰预报人员、技术人员等	PPT 讲解 操作演示
海冰系统警报制作上机实践		上机操作
海啸系统概述及功能讲解	海啸预报人员、技术人员等	PPT 讲解 操作演示
海啸系统警报制作上机实践		上机操作
温盐流系统概述及功能讲解	温盐流预报人员、技术人员等	PPT 讲解 操作演示
温盐流系统警报制作上机实践		上机操作

国家海洋环境预报中心、海区预报中心、省（区、市）海洋预报台等各级单位高度重视开展系统的预报员培训工作，在各级单位的大力支持下，课题组开展了形式多样、内容丰富、针对性强的系统培训，受到众多预报人员和技术人员的热烈欢迎，有效保证了培训质量和效果。培训人员覆盖国家海洋环境预报中心、海区预报中心、省（区、市）海洋预报台等涉海预报机构，人员培训人数超过 150 人次，使得相关预报人员及技术人员较为全面地掌握了该系统的使用，大幅度提高了各级海洋预报机构的预报产品制作效率及预报产品的标准化。参与培训的各级海洋预报机构名单如表 7-3 所示。

表7-3 参与培训的各级海洋预报机构名单

序号	单位名称
1	国家海洋环境预报中心
2	国家海洋局北海预报中心
3	国家海洋局东海预报中心
4	国家海洋局南海预报中心

序号	单位名称
5	国家海洋局秦皇岛海洋环境监测中心站
6	国家海洋局烟台海洋环境监测中心站
7	国家海洋局北海海洋环境监测中心站
8	国家海洋局南通海洋环境监测中心站
9	国家海洋局海口海洋环境监测中心站
10	国家海洋局温州海洋环境监测中心站
11	福建省海洋预报台
12	国家海洋局厦门海洋环境监测中心站

在各级预报机构采用集中培训和本地培训两种方式进行，集中开展培训的单位，如表 7-4
所示。

表7-4　参加集中培训的单位情况

序号	参加培训单位
1	国家海洋环境预报中心
2	国家海洋局北海预报中心
3	国家海洋局大连海洋环境监测中心站
4	国家海洋局秦皇岛海洋环境监测中心站
5	国家海洋局天津海洋环境监测中心站
6	国家海洋局烟台海洋环境监测中心站
7	国家海洋局东海预报中心
8	国家海洋局南通海洋环境监测中心站
9	国家海洋局宁波海洋环境监测中心站
10	国家海洋局温州海洋环境监测中心站
11	国家海洋局闽东海洋环境监测中心站
12	国家海洋局厦门海洋环境监测中心站
13	江苏省海洋环境监测预报中心
14	浙江省海洋监测预报中心
15	福建省海洋预报台
16	国家海洋局南海预报中心
17	国家海洋局汕尾海洋环境监测中心站
18	国家海洋局珠海海洋环境监测中心站
19	国家海洋局北海海洋环境监测中心站
20	国家海洋局海口海洋环境监测中心站

参加上述培训的人员超过 100 人次。

完成系统安装部署和使用培训的单位如表 7-5 所示。。

表7-5　完成系统安装部署和使培训的单位情况

序号	部署单位
1	国家海洋环境预报中心
2	国家海洋局北海预报中心
3	国家海洋局东海预报中心
4	国家海洋局南海预报中心
5	辽宁省海洋环境与防灾减灾中心（辽宁省海洋预报台）
6	河北省海洋预报台（国家海洋局秦皇岛海洋环境监测中心站）
7	天津市海洋预报台（国家海洋局天津海洋环境监测中心站）
8	江苏省海洋环境监测预报中心
9	上海市海洋环境监测预报中心
10	浙江省海洋监测预报中心
11	福建省海洋预报台
12	国家海洋局北海海洋环境监测中心站
13	海南省海洋预报台
14	国家海洋局大连海洋环境监测中心站
15	国家海洋局烟台海洋环境监测中心站
16	国家海洋局南通海洋环境监测中心站
17	国家海洋局宁波海洋环境监测中心站
18	国家海洋局温州海洋环境监测中心站
19	国家海洋局闽东海洋环境监测中心站
20	国家海洋局厦门海洋环境监测中心站
21	唐山市海洋环境监测预报中心
22	沧州市海洋环境监测站
23	广东省海洋与渔业厅专题预报室
24	营口市海洋预警监测中心
25	国家海洋局三沙海洋环境监测中心站

部署时开展使用培训超过 50 人次。

第8章 结 语

海洋预报人机交互式信息系统对于海洋预报行业来说是个新生事物，好在可以参考其他国内外相关行业的发展情况，将海洋观测、数据传输、海洋预报、信息技术等进行结合，进而构建出适合海洋预报行业的信息化、业务化应用系统，并得到较长时间的应用。作者研究团队的专业组成包括了海洋观测、海洋预报、数据处理、可视化分析、地理信息系统等多个方向，将上述几个方向的科技和业务工作者集聚在一起，共同为这个目标而奋斗，把适合于海洋行业的信息技术和 GIS 技术应用到观测预警报业务中，取得了初步的成功。

在这一研发和应用的过程中，研究团队遇到了很多的困难，有些克服了，有些绕开了，还有些暂时搁置了。目前，主要存在的问题如概述中所述，包括几个方面的问题：业务需求变化频繁，观测预报工作流程不规范、不协调，标准化工作滞后、信息技术发展较快等。同时，在这一较长的时间过程中，对海洋预报行业的信息系统研发有一些体会和感悟，也希望读者能够知晓和予以重视，并在条件适宜的时候对自己要研发的信息系统进行规避、改进或提高。

一个信息系统的生命力在于用户及其需求，这是信息系统研发项目都会重视的基础，大部分项目应该都会以此为出发点，但某些项目团队则不见得充分认识到它的真正意义和价值。同时，用户对于自身需求，有时并不能表述得很充分，这主要源于用户与信息系统建设人员之间对需求理解的差异，这就需要项目研发团队做好项目的前期调研、分析和系统设计，将需求收集、分析整理做到实处。在某些特定条件下，用户提出的需求，并不需按照其意愿百分百的完全照做，因为这些需求往往是依托已有或者已建系统总结归纳形成的。在新系统建设中则是需要透过这类表面需求，深挖其内涵，与新的信息化理念、技术架构等进行改进和融合，才能更好地完成任务。同时，要优先考虑用户实际操作的复杂度，降低迁移难度，妥善引导用户适应新系统，这样更容易进入实际应用。海洋预报人机交互信息系统将海洋预报员之前常用的数据处理分析语言、数学处理软件、制图软件、地理信息系统软件以及部分数值计算模型功能相结合，以实测数据处理、绘图、分析、预报制作为主要功能需求开展设计和研发，将新的软件技术应用到海洋预报行业中，符合预报员的基本需求，并把很多新的内容融入到软件系统中，在信息系统进行推广应用过程中，重视对预报技术人员的培训，使得他们更快、更容易地接受和愿意使用这样的新系统和新平台。

海洋观测预报业务的需求和变化较快，一方面，这个领域的工作流程还在逐渐规范和协调过程中，标准化工作相对滞后，而此时又要求有针对性的信息系统支撑这些应用。这就对信息系统的研发提出了更高的要求，一般情况下应对方案的是频繁更新版本，以快速的更新来应对这些变化和不规范。诚然，这确实是一种应对办法，当然也需要大量的人员、精力和经费的支持。而另外一个方面，信息技术更新换代也是非常快速的，面对日新月异的信息技术发展，新的技术往往又给行业信息系统的研发带来新的变化，这也会对行业信息系统研发造成一些困扰。这就需要信息系统的研发能够较为全面、较为前瞻的考虑这些因素，以关键问题为主要目标，利用较为稳定的技术构建系统的框架，以核心算法为支撑，设计和研发系统的功能。输入、输出、类型、格式等往往难以穷尽，且经常发生变化，要作为外部功能考虑，或放置于后台，由专业人员进行后台维护的方式来帮助前台行业人员进行应对。海洋预报人机交互平台 V1.x 发布和运行以来，在 10 年多的时间里进行了几次小的升级或修改，采用了较为稳健的构架技术，把数据处理订正作为基础，放置于后台，结合业务布局由后台专业人员进行维护；把绘图、填图、可视化分析作为重要需求，解决预报员的制图分析需求；把预报单制作、发布以及各类输入输出作为外部功能，随时可能调整和切换，较好地解决了这一问题，在较长期的运行中，仍然保持预报基本应用，稳定地支持了业务工作。

海洋预报人机交互平台业务运行了 10 个年头，经历了对于信息软件来说较为漫长的时间，这一时段也是海洋预报业务大发展的阶段，内外部的各种变化都很大，新的软件系统已经在研发过程中，旧的软件系统终会更新换代。新的软件系统在旧的软件系统基础上，将依据新的业务布局、工作流程、标准规范来进行设计研发，尤其是结合数值模型计算结果的应用、网络信息技术的普及、智能化分析预报技术的应用来开展，这也是我们面向新时代建设海洋强国和"21 世纪海上丝绸之路"，迎接海洋预报事业新发展的必由之路。作者于广东海洋大学治学期间潜心总结系统研发和应用过程中的经验，与时俱进的同时也在思考不足之处。每个时代的软件系统都代表了这个时代的需求和技术，打下这个时代深深的印记，谨以此书表示对时代的纪念，对研发人员和应用人员的感谢！

附件1 海洋站报文格式

报文编码参照《海洋站海滨观测报告电码》，按照标准规范要求，在实际工作中，报文内容组织方式可以划分为4个部分，包括起始行、简式报头、报文块和结束符。

起始行：ZCZC DDD

简式报头：（OHM）CCCC YYGG AAXX

报文块：观测报文正文

结束符：NNNN

具体字符含义如附表1-1所示。

附表1-1　海洋站报文内容组织方式

电码字符	编码字符含义
ZCZC	起始标识符
DDD	
CCCC	海洋站缩写
YY	日期
GG	小时时刻
AAXX	地面测站标识符
NNNN	报文结束标识符

报文正文内容电码编码，如下示意。

YYGG1 IIiii i_R3/VV /ddff 1S_nTTT 4PPPP 6RRR2

22200 0$S_nT_wT_wT_w$ 1$P_wP_wH_wH_{wa}$ 2$P_wP_wH_wH_w$ 3$d_{w1}d_{w1}$// 4$P_{w1}P_{w1}H_{w1}H_{w1}$ ICE+ 明码（英文）

333×× 911f_xf_x 915d_xd_x

555×× 5ggH_mH_m 7RRA$_Z$A MIIKK $I_wd_id_if_if_i$ A$_CI_C$FD$_AH_A$ $L_nL_nL_nH_nH_n$ 7777n_T BS$_nT_iT_iT_i$ 88Cyy q$_jq_jH_jH_jH_j$ 6$d_jd_jf_jf_j$ 7$P_jP_jP_jP_j$ 9yygg mmHHH

其具体编码组含义如附表1-2所示。

附表1-2　洋站报文正文内容编码

电码组字符	编码字符组含义
YYGG1	表示观测时刻。其中，YY 表示日期；GG 表示小时时刻；1 为固定码
IIiii	表示海洋站号组。其中，II 表示区号；iii 表示站号
i_R3/VV	表示能见度组。其中，i_R 表示 6RRR2 是否编报；3 为固定码；/ 为固定码；VV 表示海绵有效能见度

电码组字符	编码字符组含义
/ddff	表示风速风向组。其中，/ 为固定码；dd 表示风向（十分钟平均风速对应的风向）；ff 表示风速（十分钟平均风速）
$1S_nTTT$	表示气温组。其中，1 为气温组指示码；S_n 表示气温正负号标识；TTT 表示气温值
4PPPP	表示海平面气压组。其中，4 为海平面气压组指示码；PPPP 表示海平面气压值
6RRR2	表示降水组。其中，6 为降水组指示码；RRR 表示过去 12 小时内的降水量
22200	表示海洋报告指示码组。
$0S_nT_wT_wT_w$	表示表层水温组。其中，0 为表层水温组指示码；S_n 表示表层水温正负号标识；$T_wT_wT_w$ 表示表层水温值
$1P_{w_a}P_{w_a}H_{w_a}H_{w_a}$	表示海浪组。其中，1 表示器测海浪资料指示码；$P_{w_a}P_{w_a}$ 表示有效波周期；$H_{w_a}H_{w_a}$ 表示有效波波高
$2P_wP_wH_wH_w$	表示海浪组。其中，2 表示目测海浪资料指示码；P_wP_w 表示有效波周期；H_wH_w 表示有效波波高
$3d_{w_1}d_{w_1}//$	表示海浪组。其中，3 表示涌浪波向组指示码；$d_{w_1}d_{w_1}$ 表示涌浪波向；// 表示占位符
$4P_{w_1}P_{w_1}H_{w_1}H_{w_1}$	表示海浪组。其中，4 表示涌浪周期和波高组指示码；$P_{w_1}P_{w_1}$ 表示涌浪周期；$H_{w_1}H_{w_1}$ 表示涌浪波高
ICE+ 明码（英文）	表示严重海冰情况报告组。其中，ICE 表示明码报告指示码
333××	3 段报告指示码组
$911f_xf_x$	表示大风风速组。其中，911 表示大风风速组指示码；f_xf_x 表示过去 6 小时（08 时编报为过去 12 小时）内出现的 ≥ 17m/s（风力 8 级）的极大瞬时风速
$915d_xd_x$	表示大风风向组。其中，915 表示大风风向组指示码；d_xd_x 表示极大风速对应的风向
555××	5 段报告指示码组
$5ggH_mH_m$	表示海浪加密观测资料组。其中，5 表示海浪加密观测资料组指示码；gg 海浪加密观测时间；H_mH_m 表示海浪加密观测时的最大波高
$7RRA_zA$	表示海冰冰量组。其中，7 表示海冰组指示码；RR 表示日降雪总量；A_z 表示总冰量；A 表示流冰量
MIIKK	表示浮冰密集度、冰型、冰状组。其中，M 表示浮冰密集度；II 表示浮冰冰型；KK 表示浮冰冰块
$I_wd_id_if_if_i$	表示浮冰漂流速度、方向组。I_w 浮冰漂流速度和方向观测方法指示码；d_id_i 浮冰漂流方向；f_if_i 表示浮冰流速
$A_GI_GFD_AH_A$	表示固定冰冰量、冰型、表面特征、堆积量和最大堆积高度组。其中，A_G 表示固定冰冰量；I_G 表示固定冰冰型；F 表示固定冰表面特征；D_A 表示固定冰堆积量；H_A 表示固定冰最大堆积高度

续表

电码组字符	编码字符组含义
$L_nL_nL_nH_nH_n$	表示固定冰宽度和厚度组。其中，$L_nL_nL_n$ 表示固定冰宽度和冰厚测点距岸距离；H_nH_n 表示固定冰厚度
$7777n_T\ BS_nT_iT_iT_i$	表示冰温组。其中，7777 表示冰温组指示码；n_T 表示冰温测量层次数；B 表示冰温测量层次；S_n 表示冰温正负号标识；$T_iT_iT_i$ 表示冰温值
$88Cyy$	表示逐时潮高报告日期组。其中，88 表示潮汐报告指示码；C 表示逐时潮高报告级别代码；yy 表示日期
$q_jq_jH_jH_jH_j\ 6d_jd_jf_jf_j$ $7P_jP_jP_j$	表示逐时潮高、风向风速和海平面气压组。其中，q_jq_j 表示逐时潮高时间（小时）；$H_jH_jH_j$ 表示潮高；6 表示逐时风向风速组指示码；d_jd_j 逐时正点前十分钟平均风速对应的风向；f_jf_j 逐时正点前十分钟平均风速；7 表示逐时海平面气压组指示码；$P_jP_jP_j$ 逐时海平面气压值
$9yygg\ mmHHH$	表示高（低）潮潮时、潮高组。其中，9 表示高（低）潮潮时、潮高组指示码；yy 表示高（低）潮初现的日期；gg 表示高（低）潮出现的时数；mm 表示高（低）潮出现的分数；HHH 表示高（低）潮潮高

附件 2 海洋站逐时格式

海温：

以明码方式存储观测日期以及 24 小时的海温观测值和两个日极值。数据内容格式如下：

YYYYMMDD < 空格 ><00 时海温测值 >< 空格 ><01 时海温测值 >< 空格 >……<23 时海温测值 >< 空格 >< 海温日最高值 >< 空格 >< 海温日最低值 >< 回车换行 >

盐度：

以明码方式存储观测日期以及 24 小时的盐度观测值和两个日极值。数据内容格式如下：

YYYYMMDD < 空格 ><00 时盐度测值 >< 空格 ><01 时盐度测值 >< 空格 >……<23 时盐度测值 >< 空格 >< 盐度日最高值 >< 空格 >< 盐度日最低值 >< 回车换行 >

潮位：

以明码方式存储观测日期以及 24 小时的潮位观测值和高低潮出现时间和极值。数据内容格式如下：

YYYMMDD< 空格 ><00 时潮位测值 >< 空格 ><01 时潮位测值 >< 空格 >……<23 时潮位测值 >< 空格 >< 高 / 低潮潮高值 >< 空格 >< 高 / 低潮潮时 >< 空格 >< 高 / 低潮潮高值 >< 空格 >< 高 / 低潮潮时 >< 空格 >< 回车换行 >

说明：

高 / 低潮不足 6 个的潮高、潮时用 9999 填充，高 / 低潮数据不按出现时间排列。生成数据报表时要按标准规范要求生成。

气温：

以明码方式存储观测日期以及 24 小时的气温观测值和两个日极值。数据内容格式如下：

YYYYMMDD< 空格 ><21 时气温测值 >< 空格 ><22 时气温测值 >< 空格 ><23 时气温测值 >< 空格 ><00 时气温测值 >< 空格 ><01 时气温测值 >……< 空格 ><20 时气温测值 >< 空格 >< 气温日最高值 >< 空格 >< 气温日最低值 >< 回车换行 >

气压：

以明码方式存储观测日期以及 24 小时的气压观测值和两个日极值。数据内容格式如下：

YYYYMMDD< 空格 ><21 时测值 >< 空格 >+ <22 时测值 > + < 空格 >+<23 时测值 > + < 空格 >+<00 时测值 >+ < 空格 >+<01 时测值 >+……+ < 空格 >+<20 时测值 >+ < 空格 > + < 日最高值 >+ < 空格 > + < 日最低值 >+< 回车换行 >

降水：

文件名约定：rnMMDD·IIIII

rn：代表降水量

文件内容、格式：

降水量数据文件只有一行记录，日期、24 个正点值和两个极值。

YYYYMMDD + < 空格 >+<21 时测值 > + < 空格 >+ <22 时测值 > + < 空格 >+<23 时测值 > + < 空格 >+<00 时测值 >+ < 空格 >+<01 时测值 >+……+ < 空格 >+<20 时测值 >+ < 空格 >< 前一日 20-08 时降水量 >+< 当日 08-20 时降水量 > + < 日降水总量 > +< 回车换行 >

能见度：

文件名约定：vbMMDD·IIIII

vb：代表能见度

文件内容、格式：

能见度数据文件只有一行记录，日期、24 个正点值和两个极值。

YYYYMMDD + < 空格 >+<21 时测值 > + < 空格 >+ <22 时测值 > + < 空格 >+<23 时测值 > + < 空格 >+<00 时测值 >+ < 空格 >+<01 时测值 >+……+ < 空格 >+<20 时测值 >+ < 空格 >< 日最高值 >+ < 空格 >< 日最低值 >+< 回车换行 >

相对湿度：

文件名约定：huMMDD·IIIII

hu：代表湿度

文件内容、格式：

降水量数据文件只有一行记录，日期、24 个正点值和两个极值。

YYYYMMDD + < 空格 >+<21 时测值 > + < 空格 >+ <22 时测值 > + < 空格 >+<23 时测值 > + < 空格 >+<00 时测值 >+ < 空格 >+<01 时测值 >+……+ < 空格 >+<20 时测值 >+ < 空格 >< 日最高值 >+ < 空格 >< 日最低值 >+< 回车换行 >

风速风向：

包括整点测量值和 10 分钟间隔测量值两种。

a）整点测量值

文件名约定：wsMMDD_dat·IIIII

YYYYMMDD + < 空格 >+<21 时风向测值 > + < 空格 >+<21 时风速测值 >+ < 空格 >+ <22 时风向测值 > + < 空格 >+ <22 时风速测值 > + < 空格 >+<23 时风向测值 > + < 空格 >+<23 时风速测值 > + < 空格 >+<00 时风向测值 >+ < 空格 >+<00 时风向测值 >+ < 空格 >+<01 时风向测值 >+ < 空格 >+<01 时风速测值 >+……+ < 空格 >+<20 时风向测值 >+ < 空格 >+<20 时风速测值 >+< 回车换行 >

<20-02 时极大风对应的风向 >+ < 空格 > + <20-02 时极大风速 >+< 空格 >+<02-08 时极大风对应的风向 >+ < 空格 > + <02-08 时极大风速 >+<08-14 时极大风对应的风向 >+ < 空格 > + <08-14 时极大风速 >+< 空格 >+<14-20 时极大风对应的风向 >+ < 空格 > + <14-20 时极大风速 > + < 回车换行 >

<最大风速>+<风向>+<出现的时间>+<回车换行>

<极大风速>+<风向>+<出现的时间>+<回车换行>

<大于17 m/s 风速出现的起止时间1>+……+<大于17 m/s 风速出现的起止时间18>

注:时标和观测数据之间有一个空格。例如:00H:和00时10分测值之间有一个空格。另外,有的海洋站可能不观测一些项目,对不观测的项目,对应的数据文件不存在。

b)10分钟间隔测量值

文件名约定:wsMMDD·IIIII

ws:代表风

文件内容、格式:YYYYMMDD+<回车换行>

<20H:>+<空格>+<20时10分风向>+<空格>+<20时10分风速>+……+<20时50分风向>+<空格>+<20时50分风速>+<空格>+<21时00分风向>+<空格>+<21时00分风速〉+<回车换行〉

<21H:>+<空格>+<21时10分风向>+<空格>+<21时10分风速>+……+<21时50分风向>+<空格>+<21时50分风速>+<空格>+<22时00分风向>+<空格>+<22时00分风速〉+<回车换行〉

<22H:>+<空格>+<22时10分风向>+<空格>+<22时10分风速>+……+<22时50分风向>+<空格>+<22时50分风速>+<空格>+<23时00分风向>+<空格>+<23时00分风速〉+<回车换行〉

<23H:>+<空格>+<23时10分风向>+<空格>+<23时10分风速>+……+<23时50分风向>+<空格>+<23时50分风速>+<空格>+<00时00分风向>+<空格>+<00时00分风速〉+<回车换行〉

<00H:>+<空格>+<00时10分风向>+<空格>+<00时10分风速>+……+<00时50分风向>+<空格>+<00时50分风速>+<空格>+<01时00分风向>+<空格>+<01时00分风速〉+<回车换行〉

<01H:>+<空格>+<01时10分风向>+<空格>+<01时10分风速>+……+<01时50分风向>+<空格>+<01时50分风速>+<空格>+<02时00分风向>+<空格>+<02时00分风速〉+<回车换行〉

<19H:>+<空格>+<19时10分风向>+<空格>+<19时10分风速>+……+<19时50分风向>+<空格>+<19时50分风速>+<空格>+<20时00分风向>+<空格>+<20时00分风速〉+<回车换行〉

<20-23时极大风对应的风向>+<空格>+<20-23时极大风速>+<空格>+<23-02时极大风对应的风向>+<空格>+<23-02时极大风速>+<空格>+<02-05时极大风对应的风向>+<空格>+<02-05时极大风速>+<空格>+<05-08时极大风对应的风向>+<空格>+<05-08时极大风速>+<空格>+<08-11时极大风对应的风向>+<空格>+<08-11时极大风速>+<空格>+<11-14时风向>+<空格>+<11-14时极大风速>+<空格>+<14-17时极大

风对应的风向 >+ < 空格 > ＋ <14–17 时极大风速 >+< 空格 >+<17–20 时极大风对应的风向 >+ < 空格 > ＋ <17–20 时极大风速 > ＋ < 回车换行 >

　　< 最大风速 >+< 风向 >+< 出现的时间 >+< 回车换行 >

　　< 极大风速 >+< 风向 >+< 出现的时间 >+< 回车换行 >

　　< 大于 17m/s 风速出现的起止时间 1>+……+< 大于 17m/s 风速出现的起止时间 18>

　　注:时标和观测数据之间有一个空格。例如:00H: 和 00 时 10 分测值之间有一个空格。另外,有的海洋站可能不观测一些项目 , 对不观测的项目， 对应的数据文件不存在。

　　海浪:

　　文件名约定: wvMMDD·IIIII

　　文件内容、格式: YYYYMMDD+< 回车换行 >

　　<YYYYMMDDHHMM>+< 波浪采样间隔 >+< 平均波高 >+< 平均周期 >+< 最大波高 >+< 最大周期 >+< 十分之一波高 >+< 十分之一周期 >+< 三分之一波高 >+< 三分之一周期 >+< 波数 >+< 波向 >+< 回车换行 >

附件3　海洋站分钟数据

海洋站分钟数据分为：水文数据和气象数据。

水文数据

文件名约定：SWHYZSS·IIIII

气象数据

文件名约定：QXHYZSS·IIIII

文件格式说明

文件的内容、格式：

<DT>+<YYYYMMDDHHMMSS>+<回车换行>

<WT>+<水温测值>+<回车换行>

<SL>+<盐度测值>+<回车换行>

<WL>+<潮位测值>+<回车换行>

<DT>+<空格>+<YYYYMMDDHHMMSS>+<回车换行>

<AT>+<空格>+<气温测值>+<回车换行>

<BP>+<空格>+<气压测值>+<回车换行>

<HU>+<空格>+<湿度测值>+<回车换行>

<RN>+<空格>+<前一日20-08时降水>+<当日20-08时降水>+<回车换行>

<WS>+<空格>+<阵风速+相应风向>+<平均风速+相应风向>+<最大风速+相应风向+出现时间>+<极大风速+相应风向+出现时间>

备注：

海洋站水文观测项目有表层海水温度（简称水温）、表层海水盐度（简称盐度）、潮位、波浪和海流。水文测量的日界为当天的00时00分至后一天的00时00分，但不包含后一天的00时00分。

海洋站气象观测项目有气温、相对湿度（简称湿度）、本站气压（简称气压）、降水、能见度和风速风向。气象测量的日界为前一天的20时00分至当天的20时00分，但不包含前一天的20时00分。

附件 4　浮标编码格式

报文正文内容电码编码，如下示意。

0 段　BBXX

1 段　DDDD　YYGG1　$99L_aL_aL_a$　$QcL_0L_0L_0L_0$　46///　/ddff　$1s_nTTT$

$2s_nT_dT_dT_d$　4PPPP

2 段　22200　$0s_nT_wT_wT_w$　$1P_wP_wH_wH_w$

3 段　333//　$9S_pS_ps_ps_p$

5 段　555//　$7P_wP_wH_wH_w$　$8D_cD_cF_cF_c$

其具体含义如附表 4-1 所示。

附表4-1　浮标报文正文内容编码

电码组字符	编码字符组含义
BBXX	海洋浮标观测报告的识别字码
DDDD	浮标编号
YYGG1	YY 日期；GG 时间（世界时）；1 风速指示码，单位 米 / 秒
$99L_aL_aL_a$	99 纬度指示码；$L_aL_aL_a$ 浮标所在纬度
$QcL_0L_0L_0L_0$	Q_c 地球象限，1 北纬、东经，3 南纬、东经，5 南纬、西经，7 北纬、西经；$L_0L_0L_0L_0$ 浮标所在经度
46///	4 为有降水而没有观测；6 为自动站天气现象不编报
Nddff	N 为总云量；dd 为风向；ff 为风速
$1s_nTTT$	1 为气温组指示码；s_n 气温正负指示码，0 为正，1 为负；TTT 为气温
$2s_nT_dT_dT_d$	2 为露点组指示码；s_n 露点正负指示码，0 为正，1 为负；$T_dT_dT_d$ 为露点温度
4PPPP	4 为海平面气压组指示码；PPPP 为海平面气压
22200	222 为 2 段指示码
$0s_nT_wT_wT_w$	0 为海表层水温组指示码；s_n 为水温正负指示码，0 为正，1 为负；$T_wT_wT_w$ 海表层水温
$1P_wP_wH_wH_w$	1 为仪器观测风浪组指示码；P_wP_w 为浪周期；H_wH_w 为浪高
333//	333 为 3 段指示码
$9S_pS_ps_ps_p$	9 为特殊风组指示码
$911f_xf_x$	911 表示极大瞬时风速大于等于 17 m/s，f_xf_x 为极大瞬时风速
915dd	915 表示极大瞬时风速对应的风向
555//	555 为 5 段指示码
$7P_wP_wH_wH_w$	7 为最大浪高指示码；$P_wP_wH_wH_w$ 分别为浪周期、浪高
$8D_cD_cF_cF_c$	8 为海流组指示码；$D_cD_cF_cF_c$ 分别为流向、流速，流速以 0.1 n mail/h 为单位

附件 5 浮标 XML 格式

XML 数据格式的浮标数据无需解码，按照不同的标签提取相应的观测要素值。

< 标签 BuoyageRpt >	浮标基本信息
< 标签 BuoyInfo >	浮标信息
< 属性 BuoyInfo id >	浮标站 ID // 浮标站位号
< 属性 Type>	浮标类型 // 锚系浮标
< 属性 Name>	浮标名称 // 大型浮标
< 属性 NO>	浮标编号 // 浮标站位号
< 属性 Kind>	浮标类型 // 大型浮标
< 标签 Location>	浮标位置
< 属性 longitude>	经度 // 格式 xx°.xx.xx′ X，如：117°.30.71′ E
< 属性 latitude>	纬度 // 格式 xx°.xx.xx′ X，如：23°.46.06′ N
< 属性 DateTime DT >	数据监测时间 // 年月日时分，格式 YYYYMMDDHHmm
< 标签 HugeBuoyData>	浮标数据
< 标签 RunningStatus>	运行状态
< 属性 Style>	浮标运行状态 // 状态编码："xx xx "，依次表示：水警、门

警、浮标移位、锚灯；其中水警、门警为 1 表示有警报，0 表示无警报；浮标移位为 1 表示移位，0 表示正常。锚灯为 1 表示亮，0 表示灭。

< 属性 Status>	浮标运行模式 // "0" 正常；"1" 加密
< 属性 DY>	浮标电池电压 // 单位：V
< 属性 lean>	浮标姿态斜度 // 单位：°
< 属性 azimuth>	浮标姿态方位 // 单位：°
< 标签 BuoyData>	数据
< 属性 WS>	风速 // 单位：m/s
< 属性 WD>	风向 // 单位：°
< 属性 WSM>	最大风速 // 单位：m/s
< 属性 AT>	气温 // 单位：℃
< 属性 BP>	气压 // 单位：hPa
< 属性 HU>	相对湿度 // 单位：%
< 属性 WT>	表层水温 // 单位：℃

< 属性 SL>	表层盐度	// 单位 : ‰
< 属性 BG>	平均波高	// 单位 : m
< 属性 BX>	平均波向	// 单位 : °
< 属性 ZQ>	平均波周期	// 单位 : s
< 属性 YBG>	有效波高	// 单位 : m
< 属性 YZQ>	有效波周期	// 单位 : s
< 属性 TenthBG>	1/10 波高	// 单位 : m
< 属性 TenthZQ>	1/10 波周期	// 单位 : s
< 属性 ZBG>	最大波高	// 单位 : m
< 属性 ZZQ>	最大波周期	// 单位 : s
< 属性 BS>	波数	
< 标签 TempSalt>	温盐剖面数据	
< 属性 Gross>	温盐剖面总数	
< 属性 Count>	温盐剖面计数	
< 属性 WT>	剖面温度	// 单位 : ℃
< 属性 SL>	剖面盐度	// 单位 : ‰
< 属性 SE>	剖面深度	// 单位 : m
< 属性 NO>	层数标记	
< 标签 SeaCurrent>	测流剖面数据	
< 属性 Gross>	测流剖面总数	
< 属性 Count>	测流剖面计数	
< 属性 CS>	测流剖面流速	// 单位 : cm/s
< 属性 CD>	测流剖面流向	// 单位 : °
< 属性 SE>	测流剖面深度	// 单位 : m
< 属性 NO>	层数标记	

附件6 船舶报编码格式

报文正文内容电码编码，如下示意

0 段 BBXX

1 段 DDDD　YYGGi$_w$　99L$_a$L$_a$L$_a$　Q$_c$L$_0$L$_0$L$_0$L$_0$　i$_R$i$_x$hvv　Nddff　1s$_n$TTT　2s$_n$T$_d$T$_d$T$_d$　4PPPP　7wwW$_1$W$_2$　8N$_h$C$_L$C$_M$C$_H$

2 段 222D$_s$V$_s$　0s$_n$T$_w$T$_w$T$_w$　2P$_w$P$_w$H$_w$H$_w$　3d$_{w_1}$d$_{w_1}$d$_{w_2}$d$_{w_2}$　4P$_{w_1}$P$_{w_1}$H$_{w_1}$H$_{w_1}$　5P$_{w_2}$P$_{w_2}$H$_{w_2}$H$_{w_2}$

其具体含义如附表6-1所示。

表6-1 船舶报文正文内容编码

电码组字符	编码字符组含义
BBXX	海洋船舶观测报告的识别字码
DDDD	船舶呼号
YYGGi$_w$	YY 日期；GG 时间（世界时）；i$_w$ 风速指示码，i$_w$=0 表示风速单位为 m/s，i$_w$=4 表示风速单位为 knots
99L$_a$L$_a$L$_a$	99 纬度指示码；L$_a$L$_a$L$_a$ 船舶所在纬度
Q$_c$L$_0$L$_0$L$_0$L$_0$	Q$_c$ 地球象限，1 北纬、东经，3 南纬、东经，5 南纬、西经，7 北纬、西经；L$_0$L$_0$L$_0$L$_0$ 船舶所在经度
i$_R$i$_x$hvv	i$_R$ 降水组指示码，1 为有降水组，3 为无降水组，4 为有降水而没有观测；i$_x$ 现在天气和过去天气组指示码，1 为人工站编报，4 为自动站编报，2、3 为人工站不编报，5、6 为自动站不编报；h 最低云的底部高度；vv 有效能见度
Nddff	N 为总云量；dd 为风向；ff 为风速
1s$_n$TTT	1 为气温组指示码；s$_n$ 气温正负指示码，0 为正，1 为负；TTT 为气温
2s$_n$T$_d$T$_d$T$_d$	2 为露点组指示码；s$_n$ 露点正负指示码，0 为正，1 为负；T$_d$T$_d$T$_d$ 为露点温度
4PPPP	4 为海平面气压组指示码；PPPP 为海平面气压
7wwW$_1$W$_2$	7 为天气现象组指示码；ww 为现在天气；W$_1$W$_2$ 过去天气 1 和 2
8N$_h$C$_L$C$_M$C$_H$	8 为云组指示码；N$_h$ 为低云量，其次分别为低、中、高云状
222D$_s$V$_s$	222 为 2 段指示码；D$_s$V$_s$ 分别表示船舶航向航速，航向分八个方位，航速单位为 knots
0s$_n$T$_w$T$_w$T$_w$	0 为海表层水温组指示码；s$_n$ 为水温正负指示码，0 为正，1 为负；T$_w$T$_w$T$_w$ 海表层水温
2P$_w$P$_w$H$_w$H$_w$	2 为风浪组指示码；P$_w$P$_w$ 为浪周期；H$_w$H$_w$ 为浪高
3d$_{w_1}$d$_{w_1}$d$_{w_2}$d$_{w_2}$	3 为涌向组指示码；d$_{w_1}$d$_{w_1}$ 为第一组涌的涌向；d$_{w_2}$d$_{w_2}$ 为第二组涌的涌向
4P$_{w_1}$P$_{w_1}$H$_{w_1}$H$_{w_1}$	4 为第一组涌指示码；P$_{w_1}$P$_{w_1}$H$_{w_1}$H$_{w_1}$ 分别表示第一组涌的周期和涌高
5P$_{w_2}$P$_{w_2}$H$_{w_2}$H$_{w_2}$	5 为第二组涌指示码；P$_{w_2}$P$_{w_2}$H$_{w_2}$H$_{w_2}$ 分别表示第二组涌的周期和涌高

附件 7　船舶 XML 格式

XML 数据格式的浮标数据无需解码，按照不同的标签提取相应的观测要素值。

< 标签 DataSet>	
< 标签 Info>	
< 标签 BaseInfo>	船舶基本信息
< 属性 ID >	船舶呼号 // "ZU220"
< 属性 Type>	船舶类型 // 近海志愿船
< 属性 Name>	船舶名称 // 海监 50
< 属性 Owner>	隶属单位 // 东海分局
< 标签 DateTime >	时间信息
< 属性 Date>	日期 //2015 年 3 月 25 日
< 属性 Time>	时间 //00 时 01 分 00 秒
< 标签 Loc>	船舶位置信息
< 属性 Lon >	经度 // 换算到度，保留 2 位小数
< 属性 Lat >	纬度 // 同上
< 标签 Status>	船舶航行信息
< 属性 Vol>	电池电压 // 保留一位小数
< 属性 SS>	航速 // 单位：节，保留一位小数
< 属性 SD >	船向 // 保留一位小数
< 标签 Data >	船舶采集数据
< 标签 Met >	气象数据
< 属性 WS >	相对风速 // 单位：米 / 秒，保留一位小数
< 属性 WD >	相对风速对应风向 //0-359 整数
< 属性 BP>	气压 // 保留一位小数
< 属性 AT >	气温 // 负数加 '-'，保留一位小数
< 属性 HU >	相对湿度 //0-100 整数
< 标签 Hydrology >	水文数据
< 属性 WT>	水温 // 保留一位小数

注：①数据为空时填充 '/'；
②有其他观测要素时，气象数据添加的 Met 标签后，水文数据添加在 Hydrology 标签后。

附件8 海洋站数据库结构

海洋站信息数据（StationInfo）如附表 8-1 所示。

附表8-1 海洋站信息数据

数据项名称	代码	类型与长度	备注
内部编号	PID	NUMBER(7,0)	主键
海洋站名称	StationName	VARCHAR2	
海洋站代码	StationCode	VARCHAR2	
海洋站区站号	StationSN	NUMBER(5,0)	
经度	Longtitude	NUMBER(5,2)	
纬度	Latitude	NUMBER(5,2)	
高度	Elevation	NUMBER(5,2)	
管理机构	Agency	VARCHAR2	
第一次处理时间	ProcTime	DATE	

逐时观测数据（StationObservation_Perclock）如附表 8-2 所示。

附表8-2 逐时观测数据

数据项名称	代码	类型与长度	备注
内部编号	PID	NUMBER(7,0)	主键
海洋站名称	StationName	VARCHAR2	
海洋站区站号	StationSN	NUMBER(5,0)	
观测时间	ObsTime	DATE	
风速	WindSpeed	NUMBER(5,2)	
风向	WindDirection	NUMBER(5,2)	
海平面气压	SeaLevelPressure	NUMBER(5,2)	
气温	AirTemperature	NUMBER(5,2)	
相对湿度	RelativeHumidity	NUMBER(5,2)	
能见度	Visibility	NUMBER(5,2)	
潮位	SeaLevel	NUMBER(5,2)	
表层海温	SeaSurfaceTemperature	NUMBER(5,2)	
表层盐度	SeaSurfaceSalinity	NUMBER(5,2)	
是否包含海浪观测	HaveWaveObs	BOOL	
第一次处理时间	ProcTime	DATE	

逐时海浪观测数据（StationObservation_Perclock_Wave）如附表8-3所示。

附表8-3　逐时海浪观测数据

数据项名称	代码	类型与长度	备注
内部编号	PID	NUMBER(7,0)	主键
逐时表记录号	FID	NUMBER(7,0)	
海洋站名称	StationName	VARCHAR2	
海洋站区站号	StationSN	NUMBER(5,0)	
观测时间	ObsTime	DATE	
采样间隔	Interval	NUMBER(5,2)	
平均波高	AvgHeight	NUMBER(5,2)	
平均波周期	AvgPeriod	NUMBER(5,2)	
最大波高	MaxHeight	NUMBER(5,2)	
最大波周期	MaxPeriod	NUMBER(5,2)	
1/10 波高	OneTenthsHeight	NUMBER(5,2)	
1/10 波周期	OneTenthsPeriod	NUMBER(5,2)	
1/3 波高	OneThirdsHeight	NUMBER(5,2)	
1/3 波周期	OneThirdsPeriod	NUMBER(5,2)	
波向	WaveDirection	NUMBER(4,0)	
波数	WaveNumber	NUMBER(4,0)	
文件名称	FileName	VARCHAR2	
第一次处理时间	ProcTime	DATE	

气温日统计数据（StationObservation_Perclock_AT_Extremum）如附表8-4所示。

附表8-4　气温日统计数据

数据项名称	代码	类型与长度	备注
内部编号	PID	NUMBER(7,0)	主键
海洋站名称	StationName	VARCHAR2	
海洋站区站号	StationSN	NUMBER(5,0)	
时间	DateTime	DATE	年月日
气温	AirTemperature	NUMBER(5,2)	
极值类型	Type	VARCHAR2	
文件名称	FileName	VARCHAR2	
第一次处理时间	ProcTime	DATE	

气压日统计数据（StationObservation_Perclock_BP_Extremum）如附表8-5所示。

附表8-5　气压日统计数据

数据项名称	代码	类型与长度	备注
内部编号	PID	NUMBER(7,0)	主键
海洋站名称	StationName	VARCHAR2	
海洋站区站号	StationSN	NUMBER(5,0)	
时间	DateTime	DATE	年月日
海平面气压	SeaLevelPressure	NUMBER(5,2)	
极值类型	Type	VARCHAR2	
文件名称	FileName	VARCHAR2	
第一次处理时间	ProcTime	DATE	

风要素日统计数据（StationObservation_Perclock_WS_Extremum）如附表8-6所示。

附表8-6　风要素日统计数据

数据项名称	代码	类型与长度	备注
内部编号	PID	NUMBER(7,0)	主键
海洋站名称	StationName	VARCHAR2	
海洋站区站号	StationSN	NUMBER(5,0)	
时间	DateTime	DATE	年月日
观测时间	ObsTime	DATE	
风速	WindSpeed	NUMBER(5,2)	
风向	WindDirection	NUMBER(4,0)	
极值类型	Type	VARCHAR2	
文件名称	FileName	VARCHAR2	
第一次处理时间	ProcTime	DATE	

相对湿度日统计数据（StationObservation_Perclock_HU_Extremum）如附表8-7所示。

附表8-7　相对湿度日统计数据

数据项名称	代码	类型与长度	备注
内部编号	PID	NUMBER(7,0)	主键
海洋站名称	StationName	VARCHAR2	
海洋站区站号	StationSN	NUMBER(5,0)	
时间	DateTime	DATE	年月日
相对湿度	RelativeHumidity	NUMBER(5,2)	
极值类型	Type	VARCHAR2	
文件名称	FileName	VARCHAR2	
第一次处理时间	ProcTime	DATE	

能见度日统计数据（StationObservation_Perclock_VIS_Extremum）如附表 8-8 所示。

附表8-8 能见度日统计数据

数据项名称	代码	类型与长度	备注
内部编号	PID	NUMBER(7,0)	主键
海洋站名称	StationName	VARCHAR2	
海洋站区站号	StationSN	NUMBER(5,0)	
时间	DateTime	DATE	年月日
能见度	Visibility	NUMBER(5,2)	
极值类型	Type	VARCHAR2	
文件名称	FileName	VARCHAR2	
第一次处理时间	ProcTime	DATE	

表层海温日统计数据（StationObservation_Perclock_WT_Extremum）如附表 8-9 所示。

附表8-9 表层海温日统计数据

数据项名称	代码	类型与长度	备注
内部编号	PID	NUMBER(7,0)	主键
海洋站名称	StationName	VARCHAR2	
海洋站区站号	StationSN	NUMBER(5,0)	
时间	DateTime	DATE	年月日
表层海温	SeaSurfaceTemperature	NUMBER(5,2)	
极值类型	Type	VARCHAR2	
文件名称	FileName	VARCHAR2	
第一次处理时间	ProcTime	DATE	

表层盐度日统计数据（StationObservation_Perclock_SL_Extremum）如附表 8-10 所示。

附表8-10 表层盐度日统计数据

数据项名称	代码	类型与长度	备注
内部编号	PID	NUMBER(7,0)	主键
海洋站名称	StationName	VARCHAR2	
海洋站区站号	StationSN	NUMBER(5,0)	
时间	DateTime	DATE	年月日
表层盐度	SeaSurfaceSalinity	NUMBER(5,2)	
极值类型	Type	VARCHAR2	
文件名称	FileName	VARCHAR2	
第一次处理时间	ProcTime	DATE	

潮位日统计数据（StationObservation_Perclock_WS_Extremum）如附表 8-11 所示。

附表8-11　潮位日统计数据

数据项名称	代码	类型与长度	备注
内部编号	PID	NUMBER(7,0)	主键
海洋站名称	StationName	VARCHAR2	
海洋站区站号	StationSN	NUMBER(5,0)	
时间	DateTime	DATE	年月日
观测时间	ObsTime	DATE	
潮位	SeaLevel	NUMBER(5,2)	
极值类型	Type	VARCHAR2	
文件名称	FileName	VARCHAR2	
第一次处理时间	ProcTime	DATE	

分钟观测数据（StationObservation_RealtimeMinute）如附表 8-12 所示。

附表8-12　分钟观测数据

数据项名称	代码	类型与长度	备注
内部编号	PID	NUMBER(7,0)	主键
海洋站名称	StationName	VARCHAR2	
海洋站区站号	StationSN	NUMBER(5,0)	
观测时间	ObsTime	DATE	
风速	WindSpeed	NUMBER(5,2)	
风向	WindDirection	NUMBER(5,2)	
海平面气压	SeaLevelPressure	NUMBER(5,2)	
气温	AirTemperature	NUMBER(5,2)	
相对湿度	RelativeHumidity	NUMBER(5,2)	
能见度	Visibility	NUMBER(5,2)	
潮位	SeaLevel	NUMBER(5,2)	
表层海温	SeaSurfaceTemperature	NUMBER(5,2)	
表层盐度	SeaSurfaceSalinity	NUMBER(5,2)	
文件名称	FileName	VARCHAR2	
第一次处理时间	ProcTime	DATE	

正点观测数据（StationObservation_Punctual）如附表 8-13 所示。

附表8-13　正点观测数据

数据项名称	代码	类型与长度	备注
内部编号	PID	NUMBER(7,0)	主键
海洋站站名代码	StationCode	VARCHAR2	
海洋站区站号	StationSN	NUMBER(5,0)	
观测时间	ObsTime	DATE	
风速	WindSpeed	NUMBER(5,2)	
风向	WindDirection	NUMBER(5,2)	
海平面气压	SeaLevelPressure	NUMBER(5,2)	
气温	AirTemperature	NUMBER(5,2)	
相对湿度	RelativeHumidity	NUMBER(5,2)	
能见度	Visibility	NUMBER(5,2)	
潮位	SeaLevel	NUMBER(5,2)	
表层海温	SeaSurfaceTemperature	NUMBER(5,2)	
表层盐度	SeaSurfaceSalinity	NUMBER(5,2)	
是否包含海浪观测	HaveWaveObs	BOOL	
第一次处理时间	ProcTime	DATE	

正点海浪观测数据（StationObservation_Punctual_Wave）如附表 8-14 所示。

附表8-14　正点海浪观测数据

数据项名称	代码	类型与长度	备注
内部编号	PID	NUMBER(7,0)	主键
正点观测表记录号	FID	NUMBER(7,0)	
海洋站站名代码	StationCode	VARCHAR2	
海洋站区站号	StationSN	NUMBER(5,0)	
观测时间	ObsTime	DATE	
有效波高	SignificantWaveHeight	NUMBER(5,2)	
有效波周期	SignificantWavePeriod	NUMBER(5,2)	
涌向	SwellDirection	NUMBER(4,0)	
涌高	SwellHeight	NUMBER(5,2)	
涌周期	SwellPeriod	NUMBER(5,2)	
文件名称	FileName	VARCHAR2	
第一次处理时间	ProcTime	DATE	

正点潮位统计数据（StationObservation_Punctual_WL_Extremum）如附表 8-15 所示。

附表8-15　正点潮位统计数据

数据项名称	代码	类型与长度	备注
内部编号	PID	NUMBER(7,0)	主键
海洋站站名代码	StationCode	VARCHAR2	
海洋站区站号	StationSN	NUMBER(5,0)	
统计日期	DateTime	DATE	
观测时间	ObsTime	DATE	
潮位	SeaLevel	NUMBER(5,2)	
文件名称	FileName	VARCHAR2	
第一次处理时间	ProcTime	DATE	

附件9　浮标数据库结构

浮标信息数据（BuoyInfo）如附表 9-1 所示。

附表9-1　浮标信息数据

数据项名称	代码	类型与长度	备注
内部编号	PID	NUMBER(7,0)	主键
浮标编号	BuoyID	VARCHAR2	
经度	Longtitude	NUMBER(5,2)	
纬度	Latitude	NUMBER(5,2)	
高度	Elevation	NUMBER(5,2)	
管理机构	Agency	VARCHAR2	
更新时间	UPDATED_TIME	DATE	

XML 格式浮标观测数据（BuoyObservation_XML）如附表 9-2 所示。

附表9-2　XML格式浮标观测数据

数据项名称	代码	类型与长度	备注
内部编号	PID	NUMBER(7,0)	主键
浮标编号	BuoyID	VARCHAR2	
管理机构	Agency	VARCHAR2	
观测时间	ObsTime	DATE	
风速	WindSpeed	NUMBER(5,2)	
风向	WindDirection	NUMBER(5,2)	
最大风速	MaxWindSpeed	NUMBER(5,2)	
海平面气压	SeaLevelPressure	NUMBER(5,2)	
气温	AirTemperature	NUMBER(5,2)	
相对湿度	RelativeHumidity	NUMBER(5,2)	
能见度	Visibility	NUMBER(5,2)	
表层海温	SeaSurfaceTemperature	NUMBER(5,2)	
表层盐度	SeaSurfaceSalinity	NUMBER(5,2)	
最大波高	MaxHeight	NUMBER(5,2)	
最大波周期	MaxPeriod	NUMBER(5,2)	
1/10 波高	OneTenthsHeight	NUMBER(5,2)	
1/10 波周期	OneTenthsPeriod	NUMBER(5,2)	

数据项名称	代码	类型与长度	备注
有效波高	SignificantHeight	NUMBER(5,2)	
有效波周期	SignificantPeriod	NUMBER(5,2)	
平均波高	AvgHeight	NUMBER(5,2)	
平均波周期	AvgPeriod	NUMBER(5,2)	
平均波向	AvgDirection	NUMBER(4,0)	
是否包含海流观测	HaveCurrentObs	BOOL	
是否包含温盐观测	HaveTempSalObs	BOOL	
文件名称	FileName	VARCHAR2	
第一次处理时间	ProcTime	DATE	

浮标剖面温盐观测数据（BuoyObservation_ProfileTempSal）如附表9-3所示。

附表9-3　浮标剖面温盐观测数据

数据项名称	代码	类型与长度	备注
内部编号	PID	NUMBER(7,0)	主键
浮标观测数据表编号	FID	VARCHAR2	
管理机构	Agency	VARCHAR2	
剖面深度	Depth	NUMBER(4,0)	
海温	SeaTemperature	NUMBER(5,2)	
盐度	Salinity	NUMBER(5,2)	
文件名称	FileName	VARCHAR2	
第一次处理时间	ProcTime	DATE	

浮标剖面海流观测数据（BuoyObservation_ProfileCurrent）如附表9-4所示。

附表9-4　浮标剖面海流观测数据

数据项名称	代码	类型与长度	备注
内部编号	PID	NUMBER(7,0)	主键
浮标观测数据表编号	FID	VARCHAR2	
管理机构	Agency	VARCHAR2	
剖面深度	Depth	NUMBER(4,0)	
流向	CurrentDirection	NUMBER(5,2)	
流速	CurrentSpeed	NUMBER(5,2)	
文件名称	FileName	VARCHAR2	
第一次处理时间	ProcTime	DATE	

FUB 格式浮标观测数据（BuoyObservation_FUB）如附表 9-5 所示。

附表9-5　FUB格式浮标观测数据

数据项名称	代码	类型与长度	备注
内部编号	PID	NUMBER(7,0)	主键
浮标编号	BuoyID	VARCHAR2	
管理机构	Agency	VARCHAR2	
观测时间	ObsTime	DATE	
风速	WindSpeed	NUMBER(5,2)	
风向	WindDirection	NUMBER(5,2)	
最大风速	MaxWindSpeed	NUMBER(5,2)	
海平面气压	SeaLevelPressure	NUMBER(5,2)	
气温	AirTemperature	NUMBER(5,2)	
相对湿度	RelativeHumidity	NUMBER(5,2)	
能见度	Visibility	NUMBER(5,2)	
表层海温	SeaSurfaceTemperature	NUMBER(5,2)	
表层盐度	SeaSurfaceSalinity	NUMBER(5,2)	
最大波高	MaxHeight	NUMBER(5,2)	
最大波周期	MaxPeriod	NUMBER(5,2)	
波高	WaveHeight	NUMBER(5,2)	
波周期	WavePeriod	NUMBER(5,2)	
表层流向	CurrentDirection	NUMBER(4,0)	
表层流速	CurrentSpeed	NUMBER(5,2)	
文件名称	FileName	VARCHAR2	
第一次处理时间	ProcTime	DATE	

附件 10　志愿船数据库结构

XML 格式志愿船观测数据（ShipObservation_XML）如附表 10-1 所示。

附表10-1　XML格式志愿船观测数据

数据项名称	代码	类型与长度	备注
内部编号	PID	NUMBER(7,0)	主键
船舶呼号	ShipCode	VARCHAR2	
船舶类型	ShipType	VARCHAR2	
船舶名称	ShipName	VARCHAR2	
电压	Voltage	DECIMAL	
航速	ShipSpeed	DECIMAL	
航向	Heading	DECIMAL	
观测时间	ObsTime	DATE	
经度	Longtitude	NUMBER(5,2)	
纬度	Latitude	NUMBER(5,2)	
风速	WindSpeed	NUMBER(5,2)	
风向	WindDirection	NUMBER(5,2)	
海平面气压	SeaLevelPressure	NUMBER(5,2)	
气温	AirTemperature	NUMBER(5,2)	
相对湿度	RelativeHumidity	NUMBER(5,2)	
表层海温	SeaSurfaceTemperature	NUMBER(5,2)	
文件名称	FileName	VARCHAR2	
第一次处理时间	ProcTime	DATE	

BBX 格式志愿船观测数据（ShipObservation_BBX）如附表 10-2 所示。

附表10-2　BBX格式志愿船观测数据

数据项名称	代码	类型与长度	备注
内部编号	PID	NUMBER(7,0)	主键
船舶呼号	ShipCode	VARCHAR2	
管理机构	Agency	VARCHAR2	
经度	Longtitude	NUMBER(5,2)	
纬度	Latitude	NUMBER(5,2)	
观测时间	ObsTime	DATE	
最低云层距地面高度	BaseOfLowestCloud	NUMBER(5,2)	
水平能见度	Visibility	NUMBER(5,2)	
总云量	TotalCloudCover	NUMBER(5,2)	
风速	WindSpeed	NUMBER(5,2)	

数据项名称	代码	类型与长度	备注
风向	WindDirection	NUMBER(5,2)	
气温	AirTemperature	NUMBER(5,2)	
露点温度	DewPoint	NUMBER(5,2)	
海平面气压	SeaLevelPressure	NUMBER(5,2)	
现在天气现象	PresentWeather	VARCHAR2	
过去天气现象	PastWeatherPhenomena	VARCHAR2	
低云状总云量	TotalAmountOfLowCloud	NUMBER(5,2)	
中云状总云量	TotalAmountOfMediumCloud	NUMBER(5,2)	
低云状	LowCloud	VARCHAR2	
中云状	MediumCloud	VARCHAR2	
高云状	HighCloud	VARCHAR2	
航向	Heading	NUMBER(5,2)	
航速	ShipSpeed	NUMBER(5,2)	
表层海温	SeaSurfaceTemperature	NUMBER(5,2)	
风浪周期	WindWavePeriod	NUMBER(5,2)	
风浪浪高	WindWaveHeight	NUMBER(5,2)	
第一涌向	FirstSwellDirection	NUMBER(5,2)	
第二涌向	SecondSwellDirection	NUMBER(5,2)	
第一涌周期	FirstSwellPeriod	NUMBER(5,2)	
第二涌周期	SecondSwellPeriod	NUMBER(5,2)	
第一涌浪高	FirstSwellHeight	NUMBER(5,2)	
第二涌浪高	SecondSwellHeight	NUMBER(5,2)	
文件名称	FileName	VARCHAR2	
第一次处理时间	ProcTime	DATE	

志愿船记录数据（ShipInfo）如附表10-3所示。

附表10-3 志愿船记录数据

数据项名称	代码	类型与长度	备注
内部编号	PID	NUMBER(7,0)	主键
观测记录号	FID	NUMBER(7,0)	
船舶呼号	ShipCode	VARCHAR2	
船舶名称	ShipName	VARCHAR2	
经度	Longtitude	NUMBER(5,2)	
纬度	Latitude	NUMBER(5,2)	
管理机构	Agency	VARCHAR2	
更新时间	UPDATED_TIME	DATE	

英文缩写对照说明

GIS：地理信息系统，Geographic Information System的缩写简称。

GPS：全球定位系统，Global Positioning System的缩写简称。

MIS：管理信息系统，Management Information System的缩写简称。

SOA：面向服务的系统架构，Service-Oriented Architecture的缩写简称。

ROMS：区域海洋模式系统，Regional Ocean Model System的缩写简称。

SWAN：荷兰Delft大学开发的浅海海浪数值模拟系统，Simulating WAves Nearshore的缩写简称。

WebGIS：网络地理信息系统。

NOAA：美国国家海洋和大气管理局National Oceanic and Atmospheric Administration的缩写简称。

C/S：服务器/客户端，Client/Server的缩写简称。

XML：可扩展标记语言，Extensible Markup Language的缩写简称。

JMA：日本气象厅，Japan Meteorological Agency的缩写简称。

KMA：韩国气象厅，Korea Meteorological Administration的缩写简称。

UTC：协调世界时，Coordinated Universal Time的简称。

KT：节，速度单位，Knots的缩写。

NetCDF：网络通用数据格式，network Common Data Form的缩写简称。

WMO：世界气象组织，World Meteorological Organization的缩写简称。

FTP：文件传输协议，File Transfer Protocol的缩写简称。

LOD：多细节层次，Levels of Detail的缩写简称。

Direct3D：微软公司在Microsoft Windows操作系统上所开发的一套3D绘图编程接口。

API：应用程序接口，Application Programming Interface的缩写简称。

GPU：图形处理器，Graphics Processing Unit的缩写简称。

CPU：中央处理器，Central Processing Unit的缩写简称。

GDI：图形设备接口，Graphics Device Interface的缩写简称。

GTS：全球电传通信系统，Global Telecommunication System的缩写简称。

DOM：文档对象模型，Document Object Model的缩写简称。

CVS：逗号分隔值文件格式，Comma-Separated Values的缩写简称。

URL：统一资源定位系统，Uniform Resource Locator的缩写简称。

WGS-84：World Geodetic System 1984的缩写简称。

PDF：便携式文档格式，Portable Document Format的缩写简称。

参考文献

陈丽, 2013. 海洋流场时空三维可视化研究 [D]. 山东: 山东科技大学.

陈述彭, 鲁学军, 等, 1999, 地理信息系统导论 [M]. 北京: 科学出版社: 1-2.

陈述彭, 1997, 遥感地学分析的时空维 [J]. 遥感学报, 1(3):161-171.

陈义兰, 周兴华, 张卫红, 2004. 建立海洋地理信息系统两个技术问题的探讨 [J]. 测绘工程, 13(4):40-42. DOI:10.3969/j.issn.1006-7949.2004.04.012.

丁绍洁, 2008. 虚拟海洋环境生成及场景特效研究 [D]. 黑龙江: 哈尔滨工程大学.

季民, 陈丽, 靳奉祥, 等, 2014. 自适应步长的海洋流线构造算法 [J]. 武汉大学学报 (信息科学版), (9):18-19. DOI:10.13203/j.whugis20130034.

蒋冰, 姜晓轶, 吕憧憬, 等, 2018. 中国"数字海洋"工程进展研究 [J]. 科技导报, 36(14):75-79. DOI:10.3981/j.issn.1000-7857.2018.14.010.

李晋, 蒋冰, 姜晓轶, 等, 2018. 海洋信息化规划研究 [J]. 科技导报, 36(14):57-62. DOI:10.3981/j.issn.1000-7857.2018.14.008.

林珲, 闾国年, 宋志尧, 等, 1997. 地理信息系统支持下东中国海潮波系统的模拟研究 [J]. 地理学报, (S1):161-169.

刘宝银, 张杰, 2000. 海洋科学的前沿——"数字海洋" [J]. 地球信息科学, 2(1):8-11. DOI:10.3969/j.issn.1560-8999.2000.01.003.

刘伟峰, 2006. 胶州湾及其邻近海域溢油应急预报系统研究 [D]. 山东: 中国海洋大学.

卢君峰, 邓兆青, 陈德文, 等, 2017. 基于 SuperMapGIS 的厦门海洋环境预警综合信息服务平台开发与应用 [J]. 海洋开发与管理, 34(6):81-84. DOI:10.3969/j.issn.1005-9857.2017.06.016.

罗印, 徐文平, 2016. 基于云计算的未来海洋信息系统分析 [J]. 舰船科学技术, (8):157-159.

裴相斌, 赵冬至, 2000. 基于 GIS 的海湾陆源污染排海总量控制的空间优化分配方法研究——以大连湾为例 [J]. 环境科学学报, (3):40-44.

裴相斌, 赵俊琳, 2001. 海岸带环境系统与海岸带信息系统 [J]. 地球信息科学, 3(3):43-47. DOI:10.3969/j.issn.1560-8999.2001.03.012.

秦勃, 李兵, 王庆江, 2010. 基于物理特征的平面流场拓扑简化算法 [J]. 中国海洋大学学报(自然科学版), 40(2):95-98. DOI:10.3969/j.issn.1672-5174.2010.02.011.

邵全琴, 等, 2001. 海洋渔业地理信息系统研究与应用 [M]. 北京: 科学出版社, 2.

邵全琴, 1995. 地理信息系统数据库建设中的若干问题 [J]. 地理学报, (S1):34-43.

邵全琴, 2001. 海洋 GIS 时空数据表达研究 [D]. 北京: 中国科学院地理科学与资源研究所.

苏奋振, 吴文周, 平博, 等, 2014. 海洋地理信息系统研究进展 [J]. 海洋通报, (4):361-370. DOI:10.11840/j.issn.1001-6392.2014.04.001.

苏奋振, 周成虎, 季民, 等, 2004. 面向海洋渔业决策支持的信息综合协调研究 [J]. 计算机工程与应用, 40(17):18-20, 111. DOI:10.3321/j.issn:1002-8331.2004.17.006.

苏奋振, 周成虎, 2006. 过程地理信息系统框架基础与原型构建 [J]. 地理研究, 25(3):477-484. DOI:10.3321/

j.issn:1000-0585.2006.03.013.

唐泽圣, 等, 1999. 三维数据场可视化 [M]. 北京 : 清华大学出版社 :174−176.

王祎, 高艳波, 齐连明, 等, 2014. 我国业务化海洋观测发展研究——借鉴美国综合海洋观测系统 [J]. 海洋技术学报, 33(6):34−39.

徐华勋, 李思昆, 蔡勋, 等, 2013. 基于特征的矢量场自适应纹理绘制 [J]. 中国科学 : 信息科学, 43(07): 872−886.

徐华勋, 李思昆, 马千里, 等, 2011. 复杂流场特征区域模糊描述与提取方法 [J]. 软件学报, 22(8):1960−1972. DOI:10.3724/SP.J.1001.2011.03851.

许寒, 刘希顺, 2003. 三维空间规则数据场体可视化系统设计 [J]. 计算机应用研究, 20(1):96−98. DOI:10.3969/j.issn.1001-3695.2003.01.031.

薛红娟, 2008. 基于三维标量场拓扑分析的特征可视化——海洋特征结构的提取研究 [D]. 江苏 : 江南大学. DOI:10.7666/d.y1398147.

颜廷华, 2008. 基于物理特征的海洋流场可视化技术研究 [D]. 山东 : 中国海洋大学. DOI:10.7666/d.y1337611.

张峰, 金继业, 石绥祥, 2012. 我国数字海洋信息基础框架建设进展 [J]. 海洋信息, (1):1−16. DOI:10.3969/j.issn.1005-1724.2012.01.001.

张宏军, 何中文, 程骏超, 2017. 运用体系工程思想推进"智慧海洋"建设 [J]. 科技导报, 35(20):13−18. DOI:10.3981/j.issn.1000-7857.2017.20.001.

周成虎, 1995, 地理信息系统的透视——理论与方法 [J]. 地理学报, 50(s1):1−12.

BAJAJ C, PASCUCCI V, SCHIKORE D, 1998. Visualization of Scalar Topology for Structural Enhancement[J]. Proceedings of the IEEE Visualization Conference, 51−58. DOI:10.1109/VISUAL,1998.745284.

CABRAL, BRIAN L, LEITH, 1993. Imaging Vector Fields Using Line Integral Convolution[J]. Proc ACM SIGGRAPH 93 Conf Comput Graphics, 27:263−270. DOI:10.1145/166117.166151.

CASWELL D A, 1992. GIS: The "big picture" in underwater search operations[J]. Sea Technology, 33:40-47.

DIMMESTØL T, LUCAS A, 1992. Integrating GIS with ocean models to simulate and visualize spills[J]. In 4th Scandinavian Research Conference on GIS, 1−17.

KLAUS E, RÜDIGER W, THOMAS E, 1999. Isosurface extraction techniques for Web-based volume visualization. In Proceedings of the conference on Visualization[J], 139−146. DOI:10.1109/VISUAL,1999.809878.

GOLD C, CONDAL A, 1995. A spatial data structure integrating GIS and simulation in a marine environment[J]. Marine Geodesy, 18:213−228. DOI:10.1080/15210609509379757.

HAMRE T, 1993. User requirement specification for a marine information system[R], Nansen Environmental and Remote Sensing Center.

HANSEN W, GOLDSMITH V, CLARKE K, et al., 1991. Development of a hierarchical, variable scale marine geographic information system to monitor water quality in the New York Bight[J]. In GIS/LIS '91 Proceedings, 730-739.

HELGELAND A, ELBOTH T, 2006. High-quality and interactive animations of 3D time-varying vector fields[J]. IEEE Transactions on Visualization and Computer Graphics, 12: 1535−1546. DOI: 10.1109/

TVCG.2006.95

HELMAN J, HESSELINK L, 1991. Visualizing vector field topology in fluid flows[J]. IEEE Computer Graphics and Applications, 11(3):36−46.

HOFER, BARBARA, FRANK, ANDREW, 2009. Composing Models of Geographic Physical Processes, International Conference on Spatial Information Theory, 421−435. DOI:10.1007/978-3-642-03832-7_26.

KELLE C P, GOWAN R F, DOLLIN A, 1991. Marine spatio-temporal GIS[J]. In The Canadian Conference on GIS'91 Proceedings, 345−358.

LANGRAN G, KALL D J, 1991. Processing EEZ Data in a marine geographic information system[J]. In 1991 EEZ Symposium on Mapping and Research, Portland, Oregon, Geological Survey Circular, 127−129.

LEEUW W C, 1995. Enhanced Spot Noise for Vector Field Visualization[J]. IEEE Visualization (S1343−8875),Washington, USA:IEEE, 233.

LI R, SAXENA N K, 1993. Development of an integrated marine geographic information system. Marine Geodesy, (16):293−307.

LI R, QIAN L, J A ROD BLAIS, 1995. A hypergraph-based conceptual model for bathymetric and related data management. Marine Geodesy, (18):173−182.

LUCAS A, ABBEDISSEN M B, BUDGELL W P, 1994. A spatial metadata management system for ocean applications: Requirements analysis[J]. In ISPRS Working Group II/2 Workshop on the Requirements for Integrated GIS, New Orleans, Louisiana, 1−13.

MACDONALD I R, BES S E, LEE C S, 1992. Biogeochemical processes at natural oil seeps in the Gulf of Mexico: Field-trials of a small-area benthic imaging system[J]. In First Thematic Conference on Remote Sensing for Marine and Coastal Environments, New Orleans, Louisiana, 1−7.

MANLEY T O, TALLET J A, 1990. Volumetric visualization: an effective use of GIS technology in the field of oceanography. Oceanography, 3(1):23−29.

MASON D C, O'CONAILL M A, BELL S B M, 1994. Handling four-dimensional geo- referenced data in environmental GIS[J]. International Journal of Geographical Information Systems, (8):191−215.

OOSTEROM P V, JANTIEN E S, 2010. 5D Data Modelling: Full Integration of 2D/3D Space, Time and Scale Dimensions[J]. Geographic Information Science, 6th International Conference, (6292):310−324. DOI:10.1007/978-3-642-15300-6_22.

POST F H, DELEEUW W C, SADARJEON L A, et al., 1999. Global geometric and feature-based techniques for vector field visualization[J]. Future Generation Computer Systems, 15(1):87−98.

ROBINSON G R, 1991. The UK digital Marine Atlas Project: An evolutionary approach towards a Marine Information System[J]. International Hydrographic Review, (68):39−51.

ROTH M, PEIKERT R, 1998. A Higher-Order Method For Finding Vortex Core Lines. Proc. Visualization '98, 143−150. DOI:10.1109/VISUAL.1998.745296.

SADARJOEN I, POST F, 2000. Detection, Quantification, and Tracking of Vortices using Streamline Geometry[J]. Computers & Graphics, (24):333−341. DOI: 10.1016/S0097-8493(00)00029-7.

SCHEUERMANN G, KRUGER H, MENZEL M, et al., 1997. Visualization of higher order singularities in vector fields[J]. Visualization '97., Proceedings, 67−74. DOI:10.1109/VISUAL.1997.663858.

SCHEUERMANN G, KRUGER H, MENZEL M, et al., 1998. Visualizing nonlinear vector field topology[J]. Visualization and Computer Graphics, IEEE Transactions on. 4, 109－116. DOI: 10.1109/2945.694953.

SHEN H W, 1998. Isosurface extraction in time-varying fields using a temporal hierarchical index tree[J]. Visualization '98. Proceedings, 159－166. DOI: 10.1109/VISUAL.1998.745298.

SILVER D, WANG X, 1998. Tracking scalar features in unstructured data sets[J]. Visualization '98. Proceedings, 79－86. DOI: 10.1109/VISUAL.1998.745288.

SUTTON P, HANSEN C D, 1999. Isosurface extraction in time-varying fields using a Temporal Branch-on-Need Tree (T-BON)[J]. Proceedings of the IEEE Visualization Conference, 147－520. DOI: 10.1109/VISUAL.1999.809879.

TANG C, MEDIONI G G, 1998. Extremal feature extraction from 3-D vector and noisy scalar fields[J]. Visualization '98. Proceedings, 95－102. DOI: 10.1109/VISUAL.1998.745290.

WIJK J J, 1991. Spot noise texture synthesis for data visualization[J]. Proceedings of the 18th Annual Conference on Computer Graphics and Interactive Techniques, ACM, 25(4):309－318.

VERMA V, KAO D T, PANG A, 2000. A Flow-guided Streamline Seeding Strategy[J]. IEEE Visualization, Salt Lake City, Utah, USA, 163－170.

WRIGHT D J, BLONGEWICZ M J, PATR H, 2008. Arc Marine–GIS for a Blue Planet[M]. Ophelia, 4(4):2.

WRIGHT D J, HAYMON R M, FORNARI D J, 1995. Crustal fissuring and its relationship to magmatic and hydrothermal processes on the East Pacific Rise crest (9°12'—54'N)[J]. Journal of Geophysical Research, 6097-6120. DOI: 10.1029/94JB02876.

WRIGHT D J, 1999. Marine and Coastal geographic information systems. London: Taylor & Francis[M].3－5.